A História é uma das disciplinas do saber a que melhor se associam os impulsos do imaginário: o passado revivido como recriação dos factos, e também como fonte de deleite, de sortilégio e, quantas vezes, de horror. A colecção «A História como Romance» tentará delinear, no enredo das suas propostas, um conjunto de títulos fiel ao rigor dos acontecimentos históricos, escritos numa linguagem que evoque o fascínio que o passado sempre exerce em todos nós.

1. *Rainhas Trágicas*, Juliette Benzoni
2. *Papas Perversos*, Russel Chamberlin
3. *A Longa Viagem de Gracia Mendes*, Marianna Birnbaum
4. *A Expedição da Invencível Armada*, David Howart
5. *Princesas Incas*, Stuart Stirling
6. *Heréticos*, Anna Foa

HERÉTICOS

Título original:
Eretici. Storie di streghe, ebrei e convertiti

© 2004 by Societè editrice Il Mulino, Bologna

Tradução: Sandra Escobar

Capa de José Manuel Reis

Ilustração de capa: pormenor de uma cena de tortura
no quadro de Diego Rivera,
Da Conquista a 1930
Corbis / Zefa

Depósito Legal nº 245325/06

Impressão, paginação e acabamento:
MANUEL A. PACHECO
para
EDIÇÕES 70, LDA.
Julho de 2006

ISBN 10: 972-44-1293-8
ISBN 13: 978-972-44-1293-1

Todos os direitos reservados para língua portuguesa
por Edições 70

EDIÇÕES 70, Lda.
Rua Luciano Cordeiro, 123 – 1º Esqº - 1069-157 Lisboa / Portugal
Telefs.: 213190240 – Fax: 213190249
e-mail: edi.70@mail.telepac.pt

www.edicoes70.pt

Esta obra está protegida pela lei. Não pode ser reproduzida,
no todo ou em parte, qualquer que seja o modo utilizado,
incluindo fotocópia e xerocópia, sem prévia autorização do Editor.
Qualquer transgressão à lei dos Direitos de Autor será passível
de procedimento judicial.

Anna
FOA

HERÉTICOS

70

Heréticos

∞

Histórias de bruxas, judeus e conversos

Introdução

> ... penso sobre a inexactidão mais ou menos o que o imperador, nas minhas *Memórias*, pensava sobre o risco, ou seja, que tomadas todas as precauções, convém mandar fazer a sua parte e aproveitar os enriquecimentos que daí possam advir. Na condição, é escusado dizer, de que essa seja, na medida do possível, uma mínima parte.
>
> MARGUERITE YOURCENAR, *O Tempo, Grande Escultor*

Na profissão do historiador, há momentos em que mesmo a reconstrução mais pormenorizada e exaustiva do passado o deixa insatisfeito. Habitualmente, a descoberta de um documento, em particular a de um documento que permita pôr no lugar, ainda que provisoriamente, uma peça da história que se está a reconstruir, é, para o historiador, um momento de verdadeira felicidade. Quando as informações que recolheu conseguem reconstruir um quadro mais geral, a sensação que o invade é mais semelhante a uma criação do que a uma reconstrução: tal como um escultor que molda a cera para dar forma a um corpo, parece-lhe assim ter dado vida a um novo ser, a uma nova história.

Heréticos

Mas algo acaba por se insinuar subtilmente nessa satisfação, gerando descontentamento e ansiedade. Porque, embora se tenha conseguido reconstruir todos os factos, entenda-se todos os factos de algum modo significativos, parece-nos sempre que por detrás destes há uma dúvida, uma sombra que a nossa reconstrução não consegue recriar: o que a nossa personagem pensava, as suas emoções. Até a História das Mentalidades, tão atenta às percepções a ponto de as considerar mais importantes e significativas para o historiador do que os puros factos, dificilmente consegue dar vida a estes pensamentos ou, na melhor das hipóteses, consegue apenas dar vida às suas grandes linhas no que respeita às emoções colectivas. Para ir mais longe, é necessário experimentar outros caminhos. Entre as possibilidades de conseguir iluminar a esfera obscura do pensamento e das emoções subjectivas que estão por detrás dos factos, há a possibilidade de aceitar um certo grau de ficção. De inventar, sobre e à volta dos factos, emoções e percepções, pensamentos e valores. Decidir se quem fala mentia ou era sincero, e em que medida. Qual era o seu nível de consciência, de amor, de sinceridade, de culpa, de desatenção.

Inventar é uma palavra muito forte. Na verdade, neste caso não se trata de uma completa invenção, mas de uma incursão no campo das probabilidades, das plausibilidades. Quanto mais factos, mais documentos, o historiador possuir, menor é a sua intervenção inventiva. No limite, a invenção confunde-se com a interpretação, legítimo e reconhecido território de todos os estudiosos. No limite oposto, apenas um nome, um facto restam como pontos de apoio de verdade onde escorar ficções, novelas, romances.

Estas histórias abrangem vários graus desse leque, mas nunca tocam os extremos. Todas as histórias são verdadeiras, mas intervim em cada uma delas, narrando-as de novo o bastante para sair da imposição do documento, para preencher com ima-

Introdução

ginação os vazios das fontes que estimulavam a minha curiosidade. A maior parte destas histórias já as reconstruíra, como historiadora, em ensaios ancorados nos factos documentados. Mas também me haviam apaixonado o bastante para me deixarem insatisfeita.

Precisamente porque a curiosidade nasce da paixão. Com efeito, nem todos os factos que chamam a atenção de um historiador o incitam igualmente a ir mais além, a preencher com a imaginação os hiatos da narração. O que incita o historiador a narrar de outro modo e a deixar fluir a intuição são apenas, creio, as histórias em que mais mergulhou. Todos os historiadores conhecem aqueles momentos de autêntica obsessão em que algo no acontecimento que recriamos nos incita a mergulhar totalmente nele, a viver como se estivéssemos no passado. Não se entende, então, o que é que nos impressiona numa personagem em vez de outra, ou num facto que, enquanto ainda trabalhamos nele, talvez não diga quase nada a quem nos ouve, mas que, para nós, se torna mais um desafio às nossas emoções do que à nossa inteligência. Contudo, assim, e só assim, colocamos nas nossas obras aquela dose de paixão que basta para transmiti-la e cativar quem as ler.

Por isso, para mim, nestas histórias, a necessidade de sair da literatura científica, enfim, de narrar, une-se à de dar voz ao não dito, à imaginação. As histórias estão, portanto, todas documentadas: as referências precisas constam da nota bibliográfica. À minha imaginação pertencem apenas a escolha do ponto de vista a partir do qual contar a história, através de um Eu narrador, além de, em alguns casos, algumas liberdades mínimas, todas rigorosamente referidas na nota bibliográfica.

Entre estas escolhas narrativas, porém, encontrarão História, ou seja, problemas históricos mais vastos, interpretações. A dar vida às fantasias de Muzio Vitelleschi, geral da Ordem dos Jesuítas, em 1631 – um ano antes da condenação de Galileu, o

Heréticos

ano em que o jesuíta alemão Friedrich von Spee publicava o seu livro contra os processos das bruxas –, estão os problemas da cultura e da política da época, as grandes decisões da Companhia e do papado. Assim, o que anima os pensamentos do Papa Marcelo II e de Alessandro Farnese quando, em 1554, uma acusação de homicídio ritual se abate sobre os judeus romanos, são as grandes decisões da Igreja que dizem respeito às suas relações com a minoria judaica, às ambiguidades da política proselitista e por aí adiante. Com efeito, o que pretendo salientar nestas narrativas são os contornos das problemáticas maiores da época: as relações com a minoria judaica, a repressão da heresia, as relações entre os géneros, o conflito entre o conservadorismo e a modernidade. No centro está a Igreja de Roma, o seu uso da convicção e da repressão. Uma Igreja que acaba por revelar-se, tenho ideia, muito consciente, no bem e no mal, das suas deliberações. Dando a palavra, através da invenção, às minhas personagens, exprimi as reflexões e as certezas, as dúvidas e as decisões que atribuo à Igreja desses séculos. Ao narrar, portanto, exprimi essencialmente interpretações.

Estas histórias dentro da História têm uma unidade de lugar e de tempo: a Roma papal entre os séculos XV e XVII, a Roma da consolidação definitiva do Estado da Igreja e, mais tarde, da Reforma católica e da Contra-Reforma. Elas apresentam também um carácter unitário do ponto de vista da acção, uma vez que são todas histórias que, de perto ou de longe, tocam a relação do poder com a repressão: censuras, processos, defesas e acusações, execuções, arrependimentos. Excepto a história de Pompília Comparini, um famoso caso de homicídio, trata-se sempre de casos de heresia ou de desvio da ortodoxia: judeus, conversas, bruxas, possessos. Algumas destas histórias acompanham-me há muitos anos, e apercebo-me de que agora, ao rescrever, modifiquei o modo de as interpretar, quase como se tivesse mudado os olhos com que as analiso. E se vaguear para

Introdução

além dos documentos leva a mudar de ideias, a alterar interpretações, pois bem até só este resultado justifica esta minha ousada operação, que me faz navegar entre história e fantasia. Esperemos ter evitado, pelo menos, os escolhos maiores.

Gostaria de agradecer aqui a Daniela Bonato, da Editora il Mulino, que me encorajou a escrever este livro, incentivando-me com constante inteligência durante o trabalho, e a Lucetta Scaraffia, que seguiu o manuscrito nas suas diversas versões e me deu ideias e sugestões preciosas. Outras pessoas leram todas, ou em parte, estas páginas, e para todas elas vai o meu agradecimento: Marina Beer, Simonetta Bernardi, Manuela Consonni, Anna Esposito, Franco Giacone, Sergio Leone, Christoph Miething, Giorgio Valente, Giovanni Maria Vian, Maria Antonietta Visceglia, e ainda o meu pai. A responsabilidade de imprecisões ou erros é naturalmente minha.

O nome de Jesus

I

O nome de Jesus

Roma era de novo sede do papado, a única, após os setenta anos do «domínio de Avinhão» e após o cisma, que multiplicara os papas e as sedes pontifícias. O Papa, o romano Martinho V, estabelecera-se há não muitos anos no palácio dos seus antepassados, os Colonna, ao lado da igreja dos Santos Apóstolos. A praça resplandecia de luzes naquela noite fria de Fevereiro de 1427 e a igreja mostrava a sumptuosidade dos restauros recentes. O frade estava taciturno e completamente envolto no seu capucho, enquanto os guardas o mandavam entrar e um servo lhe abria caminho até aos aposentos do Papa. O agostiniano Andrea Biglia acabara de chegar a Roma vindo de Bolonha, cidade em rebelião declarada contra o pontífice, depois de uma viagem aventureira em que tivera de contornar as tropas que percorriam os campos. Ainda era novo, devia ter passado há pouco os trinta, mas o seu rosto estava tenso e pálido, os olhos lúcidos de uma espécie de febre interior. Literato subtil e douto conhecedor de grego e até de hebraico, Biglia sentia-se em terreno minado. Ia solicitar ao Papa o seu apoio contra os franciscanos e, em particular, contra as acções do pre-

Heréticos

gador franciscano mais famoso da altura, Bernardino de Siena. Biglia não gostava de Bernardino, que escutara a pregar em Pádua e Mântua quando ainda era desconhecido e, segundo ele, nem sequer particularmente bom. Era uma aversão que ia além da tradicional hostilidade entre a sua Ordem e a dos franciscanos, ainda mais acesa do que a que opunha os dominicanos aos discípulos de Francisco. Para um humanista requintado como Biglia, Bernardino representava tudo aquilo que precisamente não conseguia aceitar: a sua simplicidade imediata afigurava-se-lhe uma grosseria, a sua atenção pela devoção do povo mera superstição. Mas sabia o quão poderoso se tornara Bernardino com os seus companheiros, Giovanni da Capestrano, Giacomo della Marca, e os outros, aqueles franciscanos grosseiros que pregavam por toda a parte seguindo os instintos humildes da multidão e conquistando a protecção das autoridades. Biglia não estava de modo nenhum certo de vencer a sua batalha. No seu íntimo, pensava pertencer a um mundo desaparecido. Agora, eram homens como Bernardino a emergir, a obter vitórias sem esforço nem estudo. Talvez porque os seus ouvintes o sentissem mais próximo do seu modo de ser, dos seus próprios defeitos. Não, o mundo tal como se tornara não agradava de modo algum ao jovem teólogo.

Martinho V recebeu-o com discrição, quase com frieza. Pertencia à nobre família dos Collona e tinha uma formação essencialmente jurídica. Os conflitos entre as ordens religiosas aborreciam-no e era alheio às problemáticas conventuais. Todos os seus interesses se centravam na Cúria e no restabelecimento de um poder pontifício sólido, capaz de combater o ataque dos fautores do concílio, isto é, daqueles que continuavam a defender que o órgão supremo do governo da Igreja deveria ser o concílio e não o sumo pontífice. Biglia começou a expor as preocupações da Ordem em torno do pecado, evitando polémicas excessivas e acusações directas. Não era sua intenção acusar

O nome de Jesus

Bernardino de desvios heréticos, mas sim fazer vacilar a possibilidade de o uso das suas novas devoções degenerar em superstição e heresia. Além disso, sabia que poderia atingir Bernardino de um modo muito mais eficaz se convencesse o Papa de que o pregador franciscano se colocava acima da sua categoria e que era movido essencialmente pela ânsia do poder.

O problema que incitava o teólogo agostiniano a solicitar a intervenção do Papa era o do culto do nome de Jesus, um culto que Bernardino estava a tentar, por todos os modos, difundir e fazer com que a Igreja o aprovasse: tratava-se de uma tabuleta de madeira pintada de azul com o nome de Jesus, o monograma IHS, gravado a ouro por cima, circundado por uma coroa de raios, que Bernardino distribuía aos fiéis após os seus sermões. Haviam-se difundido muito na Úmbria e não havia casa que não tivesse uma pendurada por cima da padieira da porta. Segundo os agostinianos, de quem Biglia se fazia porta-voz, a adoração do nome era uma novidade perigosa e no limite da heresia, remetendo, como fazia, para o poder taumatúrgico das letras e acabando assim por se substituir à adoração da própria divindade. A adoração das letras, sublinhava Biglia, teria acabado por atribuir ao nome uma valência desproporcionada, quase mágica. Uma judaização, acrescentou. Os seus conhecimentos da língua hebraica, ainda que modestos, permitiam-lhe avaliar plenamente a importância que os judeus atribuíam às letras, conferindo-lhes um valor quase mágico. A sua própria Torá, o Antigo Testamento, era, para eles, uma variação infinita das letras que compunham o nome de Deus. Tais doutrinas, que os judeus definiam como cabalistas, começavam a difundir-se na cultura cristã. Não queria acusar Bernardino de judaizar, Deus nos livre... Mas não era esta adoração de letras uma abertura a sugestões perigosas, estranhas à cultura cristã? Muitos entre a Ordem agostiniana partilhavam esta posição. Frade Andrea de Cascia, por exemplo, definia a tabuleta como uma «corrupção das sagradas escrituras, altares do diabo, signo do Anticristo, ídolo de Satanás». E, além do mais, como se situaria esta nova devoção em relação ao símbolo preeminente da religião, a cruz?

Sem contar que o vulgo terá atribuído um valor taumatúrgico à tabuleta. Assim, pelo menos porquanto lhe haviam referido, era interpretada esta nova devoção pelos demais. De resto, os próprios franciscanos sustentavam que esta era precisamente a função da tabuleta: proporcionar um substituto válido para todos os amuletos de que o povo supersticioso se continuava a servir. Também é verdade que a tabuleta se tornara muito popular. Os agostinianos, que pregavam contra o novo culto, tinham sido atacados pela multidão. Em alguns lugares, como em Cascia, ocorreram conflitos e distúrbios. No ano anterior, como era sabido, a populaça, instigada pelo sermão do frade franciscano Giacomo de Monteprandone, assaltara o convento local agostiniano para assassinar o frade Andrea, ao grito de «Fogo, fogo, morra, morra, Satanás». E não bastara: a sua velha mãe fora banida de Cascia pela multidão e a sua casa destruída, ao passo que o seu irmão fora assassinado traiçoeiramente na taberna. Não eram tais comportamentos que o levavam a pensar que a tabuleta tivesse uma influência benéfica na religiosidade dos seus veneradores, concluiu. Afirmou que expunha essas dúvidas sem preconceitos. Mas não podia deixar de comunicar ao sumo pontífice as suas preocupações e as da sua Ordem.

Era necessário também acrescentar, insistiu, que a pregação do frade Bernardino estava a ganhar matizes exagerados. Mandava construir nas igrejas púlpitos mais altos do que o normal, por forma a ser visto e admirado por todos, e rodeava-se de luzes, de modo teatral. Não era talvez uma falta de respeito à obrigação da modéstia, tão querida – insinuou – à Ordem franciscana? O Papa suspirou perante esta nova referência aos ódios que os moviam uns contra os outros e contra as maiores ordens religiosas, as que deveriam ser o fundamento da Igreja.

O nome de Jesus

Mas comprometeu-se a convocar Bernardino para se apresentar em Roma e suspender a sua pregação, na expectativa de resolver esta questão. Naquela altura, o pregador encontrava-se em Gubbio: tê-lo-á convocado imediatamente. Quanto a Bernardino, ordenou-lhe que regressasse de imediato ao seu convento bolonhês. Mas devia mandar-lhe uma memória, organizar estas acusações, pô-las por escrito, o mais rapidamente possível. Porém, não o queria em Roma aquando da chegada do frade. Pelo contrário, queria que sobre este encontro com ele se mantivesse silêncio absoluto. Biglia encaminhou-se, absorto, em direcção ao convento de Santo Agostinho, onde estava alojado. Na manhã seguinte, terá retomado o caminho em direcção a Bolonha. Compôs mentalmente o *incipit* do memorial que devia escrever. Pensou que devia ter modos distintos, ao mesmo tempo pacatos e superiores. O frade Andrea talvez tivesse exagerado nas acusações, acabando por se pôr ao nível dos seus opositores.

A Primavera já ia adiantada quando o frade Bernardino deixou finalmente o palácio papal, após um longo exame por parte dos teólogos da Cúria, que o próprio pontífice presenciara. Fora absolvido, ilibado das acusações que os seus amigos haviam feito contra si, mas fora-lhe imposto, enquanto aguardava um exame mais aprofundado das questões, abster-se de difundir o culto do nome de Jesus. Esta proibição arruinava o seu triunfo, confirmado pela permissão de pregar em São Pedro. «Havia quem me quisesse assado e quem me quisesse cozido», disse para si, satisfeito por ter iludido o perigo, embora estivesse bastante perturbado por esta desconfiança do culto do nome de Jesus. Não compreendia por que motivo suscitava toda esta oposição ou, melhor, compreendia-o bem de mais. Eram os agostinianos, atentos a tudo menos a falar a linguagem do povo, da gente humilde. Prontos para ver uma ruína em todas as novidades, a descobrir uma heresia por detrás de todas as inovações. Explicara ao pontífice que não se tratava de uma inovação, mas quando muito da recuperação de uma antiga tradição, que nada tinha a ver com a cabala dos judeus. O trigrama já era comum em tempos mais antigos, e estava ao lado da cruz desde a época de Constantino. Recordara ao Papa, muito preocupado com a reunião das Igrejas e as relações com a Igreja Bizantina, que se tratava de um símbolo muito caro aos orientais: um aval oficial do culto do Santíssimo Nome de Jesus, havia-lhe sugerido, podia ter a protecção da Igreja e abrir caminho, por parte dos Gregos, a concessões mais substanciais. Mas nem sequer estas considerações «políticas» haviam convencido completamente Martinho V.

O que o perturbava principalmente era a acusação de magia que haviam feito contra si. Não ousavam acusá-lo directamente, a ele, o pregador mais escutado e venerado em Itália. Apenas aquele frade André, em Cascia, se pusera a chamar-lhe «o animal», o Anticristo. Mas, bastante mais subtilmente, lançaram dúvidas sobre o modo como esta nova devoção seria interpretada pelos incultos: não pensarão que o nome é um amuleto, que as letras têm um valor mágico? Não usarão a tabuleta como um amuleto? Enfim, procuravam criar-lhe dificuldades, detê-lo. «Não percebiam», disse a si mesmo, não percebiam que era necessário mudar precisamente o modo de fazer propaganda às verdades da fé, que ameaçar com a danação eterna já não bastava para reavivar a devoção popular. A tabuleta azul, com o nome de Jesus bordado a ouro, era uma esplêndido chamariz para a fé, um signo de reconhecimento imediato, uma bandeira, atrás da qual os cristãos poderiam marchar, quais soldados atrás do seu estandarte. Devia encontrar maneira de o pontífice voltar atrás nas suas decisões. Podia usar a pregação, ganhar a protecção do povo romano. Virar contra os seus inimigos a acusação de magia não serviria de nada, podia provocar quatro populares irritados, prontos para verem em todos os inimigos do seu culto

O nome de Jesus

um partidário do diabo, mas, obviamente, não um tribunal eclesiástico. Em vez disso, por que não proclamar-se defensor da fé contra a superstição, encarnar o papel de protagonista na luta contra a magia? Mas atacar quem, contra quem lançar acusações, se não podia fazê-lo directamente contra os seus inimigos?

A antiga Basílica de São Pedro, cujo prestígio não era diminuído pelas condições ruinosas em que se encontrava, estava apinhada quando, nos primeiros dias de Maio de 1427, o frade de Siena deu início aos seus sermões, destinados a estenderem-se ao longo de quase três meses. Por momentos, temeu-se até um desabamento. Voltando a prometer mandar restaurar o mais brevemente possível pelo menos o tecto e o pórtico da basílica, o Papa deu ordens para que se limitasse o afluxo dos fiéis e se impedisse multidões excessivas. De resto, que mais se poderia esperar do pregador? Todos sabiam que as suas palavras enchiam as praças e as igrejas. O tema pelo qual o padre começou a sua homilia, porém, deixou, num primeiro momento, os seus ouvintes estupefactos e um pouco hesitantes. Falava de encantamentos, de feitiços, e denunciava a presença de inúmeras bruxas na cidade. «O meu discurso, para eles, era como se eu sonhasse», dirá mais tarde o frade. Mas a insistência de Bernardino acabou por cativar os Romanos: todo aquele que tivesse conhecimento de feitiçarias e actos de magia, ameaçara, deveria denunciá-los se não quisesse tornar-se cúmplice disso e incorrer no mesmo pecado. À força de incentivar os Romanos para se denunciarem uns aos outros, o mecanismo pôs-se em acto e muitas pessoas, geralmente mulheres, foram acusadas por vizinhos e conhecidos de bruxarias e feitiçarias de todo o tipo. Bruxas e adivinhas assomavam em toda a parte, e na cidade não se falava de outra coisa senão de feitiços. Todos tinham uma bruxa para denunciar, um sortilégio para desvendar. Perante tanta abundância de culpados, Bernardino aconselhou-se com o Papa.

Heréticos

Decidiu finalmente tomar providências apenas contra as bruxas que tivessem cometido crimes graves. Algumas mulheres acabaram na fogueira, diante de uma grande multidão de pessoas. Uma delas, a «bruxa» Finicella, confessara, sem sequer ter sido submetida a tortura, ter matado trinta crianças, sugando-lhes o sangue. Era a primeira vez que ardiam as fogueiras das bruxas em Roma.

Bernardino de Siena incluiu o episódio das bruxas romanas entre os seus maiores êxitos. Meses depois, pregando em Siena, augurava também aqui «louvar um pouco a Deus Senhor». «E onde houvesse uma bruxa, acrescentava, e alguém a conhecesse, devia acusá-la imediatamente à Inquisição, todas as bruxas, todos os bruxos, todos os feiticeiros ou feiticeiras, ou encantadoras». Contudo, em Siena não houve processos nem fogueiras, ao passo que em Todi, em 1428, às pregações de Bernardino seguiram-se o processo e a fogueira de uma velha curandeira, a «bruxa» Matteuccia. Não obstante o seu zelo contra feiticeiras e superstições, Bernardino teve de esperar por 1432 para obter a aceitação do culto do nome de Jesus, após um novo exame perante o pontífice Eugénio IV. Além disso, teve de se resignar a inserir a cruz no trigrama.

O bispo e os marranos

II

O bispo e os marranos

O touro, antigo símbolo dos Bórgia, evocava a ressurreição de Osíris nas novas divisões dos apartamentos dos Bórgia, pintadas por Pinturicchio e pelos seus alunos, de onde Alexandre VI benzia a multidão em procissão defronte a São Pedro. A seu lado, Lucrécia, casada há apenas oito dias com Afonso de Aragão, e a nora Sancia de Aragão, mulher de Jofré, o mais novo de quatro filhos que Bórgia tivera com Vannozza Cattanei.

Era domingo, 29 de Julho de 1498. Havia um ar solene e uma grande curiosidade da multidão. No adro, em frente à igreja de São Pedro, fora erguido um palco de madeira, sobre o qual estavam mais de 230 pessoas, homens e mulheres. Diante deles, sentavam-se os juízes, nomeados pelo próprio Papa, inquisidores da perversão herética: dominicanos, nas suas vestes brancas e pretas, franciscanos, o penitenciário, o governador de Roma, o embaixador de Espanha e outros altos prelados. O mestre-de--cerimónias, o suíço Johannes Burckhard, tratara com atenção teatral os pormenores do ritual: um auto-de-fé, o primeiro e único auto-de-fé em estilo espanhol, nunca antes praticado em Roma.

Heréticos

Sobre a veste penitencial envergada pelos condenados, uma túnica amarela, que em espanhol se chamava *sambenito*; mas não havia imagens de demónios e mulheres diabólicas a indicar a fogueira como destino, e sim uma cruz vermelha em forma de «x», uma cruz de Santa Andreia: indicava que os condenados estavam destinados a fazer penitência e a reconciliar-se com a Igreja. Os espectadores presentes não conheciam ainda aquelas túnicas, que mais tarde se viriam a tornar conhecidas como «fatiotas», despertando-lhes logo a curiosidade. Entre os diplomatas presentes, mais de um embaixador tomou nota das suas características para as descrever nas suas cartas.

Durante horas e horas, debaixo de um sol a pique, os condenados desfilaram com uma vela acesa na mão, indo em procissão até à igreja dominicana de Santa Maria sopra Minerva. Dois a dois, os condenados entravam na sombra fresca da igreja, deixavam o *sambenito*, destinado a ser pendurado nas paredes com os seus nomes, «em memória perpétua», e saíam, livres de regressar a casa, às suas vidas públicas e privadas. Terão dado um suspiro de alívio, terminada a sua fadiga, extinta a sua função? Sentiam a cerimónia como uma humilhação e um escárnio ou como um acto de libertação? Todos tinham depositado, anteriormente, lautas quantias a favor da Penitenciária Apostólica para obterem esta «reconciliação». Eram Espanhóis, judeus convertidos e acusados pela Inquisição espanhola de terem permanecido fiéis à antiga religião, de «heresia judaizante»: marranos, chamavam-lhes em toda a parte, em Roma e em Itália, sem fazer grandes distinções entre convertidos genuínos e judaizantes verdadeiros, entre judeus e conversos.

Tinham vindo a Roma para obter uma absolvição que lhes permitisse ter uma vida tranquila, de cristãos. Muitos deles viviam na corte de Alexandre VI, outro espanhol. Eram funcionários da Cúria, sacerdotes, havia até um franciscano, no seu saio por baixo do *sambenito*. O que pensavam, em que acredita-

O bispo e os marranos

vam eles no seu íntimo. No fim de contas, quem podia sabê-lo? Os funcionários italianos na Cúria não gostavam deles, assim como não gostavam de nenhum dos espanhóis da corte do papa Bórgia, fossem judeus convertidos ou cristãos-velhos. Os Romanos gostavam ainda menos, apesar de Roma ser, no fundo, uma cidade dotada de um estranho e contraditório espírito de «tolerância» próprio. Era, igualmente, uma cidade habituada aos estrangeiros, uma cidade na qual várias nações se cruzavam. E agora, nesta procissão, onde ao lado de uma maioria de homens sobressaíam não poucas mulheres, era precisamente uma mulher a ler em língua espanhola a confissão, uma só para todos. Durante muito tempo a voz ressoara monótona, enumerando acusações absurdas. Aquelas que todos haviam confessado, umas iguais às outras.

Era o último acto de uma história complexa, intricada, significativa. Mas até que ponto era importante? O sangue não fora derramado, não se acenderam as fogueiras. Tudo se extinguira naquele acto teatral. O episódio tinha algo de efémero. A memória rapidamente se atenuaria, entregue à crónica do mestre-de-cerimónias e a poucas cartas de diplomatas. Interpretá-la quer dizer rivalizar mais com a aparência do que com os factos: aparência é, de facto, a condenação do auto-de-fé, atrás do qual surge a realidade de uma absolvição. Mas essa cerimónia é também um fragmento de outra história, a de um bispo que parece destinado a tornar-se cardeal e que, ao invés, acaba os seus dias encarcerado no Castelo de Sant'Angelo como marrano e judaizante. Outro jogo de espelhos, uma ascensão irresistível que se transforma em ruína e cativeiro.

Porém, para demonstrar que nem tudo era aparência, tomemos como prelúdio à nossa história outra procissão, que tivera lugar no mesmo ano, sábado 7 de Abril, três meses antes da dos 230 marranos. Conhecemos este evento igualmente através das palavras do mestre-de-cerimónias, ainda que desta vez não tivesse sido ele a organizá-lo e a conceber a sua realização. É uma procissão que acompanha, dos calabouços de Tor di Nona ao patíbulo, um mouro acusado de ter tido relações com uma prostituta cristã. O mouro fora arrastado ainda vestido de mulher, tal como costumava vestir-se para se ir encontrar com a sua amante. E assim foi levado ao patíbulo por entre a multidão, com as saias levantadas para mostrar que se tratava de um homem e não de uma mulher. Seria estrangulado e em seguida queimado em Campo de' Fiori. A prostituta, por sua vez, seria açoitada e depois expulsa da cidade. Mas a procissão era precedida por um esbirro montado num burro e que levava espetados numa lança os testículos arrancados a um judeu, acusado de ter tido relações sexuais com uma mulher cristã.

A pena da castração, prevista nestes casos pela lei, era – como sabemos – uma possibilidade remota. Todavia, neste caso, o esbirro com a sua lança macabra mostra-nos que não se deve confiar demasiado na ambiguidade da lei. Não sabemos por que motivo, desta vez, a lei fora aplicada em toda a sua crueldade. Talvez porque se quisesse dar um exemplo perante as repetidas infracções da separação sexual, que abrangiam mouros, judeus, prostitutas? Ou, mais provavelmente, o judeu não pudera pagar a pesada multa que deveria substituir a pena corporal. Em todo o caso, a execução do mouro e do judeu não suscita demasiado alarido numa cidade como a Roma de 1498, onde aconteciam coisas bem diferentes. Nesse mesmo mês de Abril, por exemplo, circulava o boato de que Lucrécia Bórgia tinha dado à luz um filho ilegítimo. O presumível pai, um jovem espanhol de origens humildes, fora encontrado morto, assassinado, murmurava-se, por César Bórgia. Entretanto, da sua Florença, Girolamo Savonarola, daí a um mês destinado também ele a acabar na fogueira, invectivava Roma como a nova Babilónia.

Duas semanas após esta execução, a 21 de Abril, difundiu-se em Roma a notícia de que o bispo Pedro de Aranda fora preso

O bispo e os marranos

repentinamente sob acusação de heresia e isolado no Castelo de Sant'Angelo. Espanhol, converso, Aranda gozava de grande protecção junto de Alexandre VI, que o havia nomeado no ano anterior para o alto cargo de Mestre do Sagrado Palácio. Mas Aranda não era um dos muitos espanhóis chegados a Roma com o novo Papa, que enchia a Cúria de seus conterrâneos, como de costume. Chegara a Roma quando o Papa ainda era Inocêncio VIII, em 1490. Em Espanha, era bispo de Calahorra desde 1477 e ocupara altos cargos no Conselho de Castela. Mas em 1487, o tribunal da Inquisição de Valhadolid pô-lo sob investigação como judaizante. O objectivo da Inquisição, então dirigida por Juan de Torquemada, era obter a jurisdição dos seus bispos, que as normas emanadas pela Inquisição medieval atribuíam apenas a Roma. Não foi por acaso que, no mesmo período, ficou igualmente sob investigação Juan Arias Dávila, bispo de Segóvia, também ele um converso, mas com fama de devoto cristão, réu, porém, por se ter oposto à introdução dos novos tribunais da Inquisição na sua diocese. Tão disputados entre Torquemada e o papado, os dois bispos fugiram para Roma. Dávila até levara consigo os ossos do pai para evitar que fossem desenterrados pela Inquisição ou, como diziam os maldosos, para evitar que se descobrisse que fora sepultado segundo o costume hebraico. Os dois bispos estavam na Cúria desde 1490, escrevendo memoriais e tecendo intrigas e contra-intrigas contra os seus inimigos. A situação era complexa, tanto que, em 1491, o cardeal Antoniotto Pallavicini fora enviado como núncio extraordinário a Espanha precisamente para encontrar uma solução e regressara a Roma trazendo consigo toda a documentação reunida contra os dois bispos pela Inquisição: em suma, avocando para Roma o seu processo. Aqui, Dávila foi absolvido de todas as acusações, enquanto Aranda, mais comprometido, foi submetido a uma retractação, um acto de certo modo formal, que o terá ilibado de todas as suspeitas, mas que, mais

Heréticos

tarde, terá pesado na sua situação judicial. Com efeito, num eventual processo futuro, a sua situação seria a de um *herege relapso*, isto é, reincidente na heresia.

Mas em 1492, o cardeal Bórgia, seu protector, ascendia ao pontificado. A 1 de Setembro de 1493, Aranda era nomeado protonotário apostólico. No discurso de nomeação, o Papa elogiava a sua fama e probidade, falava dele como de um parente próximo e absolvia-o de todas as excomunhões, interdições, suspensões e censuras eclesiásticas em que tivesse incorrido. Uma total e completa reabilitação que lhe abria portas a uma brilhante carreira eclesiástica. Foi por várias vezes núncio extraordinário em Veneza e, mais tarde, em 1497, tornou-se Mestre do Sagrado Palácio. O seu nome começou a circular entre os dos candidatos ao cardinalato. Murmurava-se que havia oferecido a fabulosa quantia de 30 000 ducados para obter o chapéu cardinalício. Estamos já em Março de 1498, às portas da sua ruína.

Quando os guardas se aproximaram dele, nos seus aposentos no Palácio Apostólico, o capitão comunicou-lhe, quase com embaraço, a sua detenção; Aranda ficou imóvel durante um longo momento, com os olhos cegos de raiva, as têmporas a latejar violentamente. Apenas poucos anos antes, no seu palácio episcopal de Calahorra, quase na periferia da cidade, quando soubera da investigação secreta que a Inquisição espanhola conduzia contra ele a sua raiva fora muito mais violenta, ainda que tivesse sido necessário manter a calma aparente, superar a Inquisição em secretismo e duplicidade, disfarçar-se sempre e em todo o caso. Mas o disfarce era para ele um velho e caro hábito. Agora, uma infinita prostração colheu-o perante a desgraça que se abatia sobre si, exactamente no momento em que pensava ter conseguido evitá-la.

Durante todos esses anos vivera obcecado pelo medo e agora, num instante, o seu medo ganhara forma, concretizara-se.

O bispo e os marranos

Não havia segurança para aqueles como ele. Arriscara e perdera. Pensou no seu pai, no judeu de Burgos, o seu nome era Gonzalo Alonso, que dera início a tudo com a sua conversão ao catolicismo em Castilha, onde, aos judeus como ele, se fechavam todos os espaços, o dinheiro, o poder. O pai, cujos ossos a Inquisição queria agora exumar para os queimar na fogueira. E alimentou as memórias do seu próprio poder, o Conselho de Castilha, o episcopado, o dinheiro abundante às mãos-cheias, o sentido de ser melhor, mais astuto, mais inteligente. Nem sequer a fuga para Roma, as travessias da sua condição de foragido, as dificuldades dos primeiros tempos, tinham abalado verdadeiramente a sua confiança. Não comprara, ele em Novembro de 1491, quando o seu futuro era ainda bastante incerto, por 1400 florins uma casa esplêndida em Roma, perto da igreja de São Tiago dos Espanhóis, e não a mandara remodelar faustosamente, como que a demonstrar a sua riqueza e a sua confiança? E agora, era quase uma consolação deixar-se derrotar, nada mais temer.

    Mas talvez nem tudo estivesse perdido. Na sua mente fez-se luz. Começou a reflectir de um modo cada vez mais claro, ao passo que os seus pensamentos se iam reorganizando, ganhando de novo forma. De onde poderia vir este golpe? O Papa não podia deixar de estar envolvido directamente em todo o seu caso. Mas por que o teria feito – para contentar os soberanos de Espanha ou como jogada política autónoma? Devia lutar, procurar defender-se, contra-atacar. Fizera-o outras vezes e sempre funcionara. Devia nomear imediatamente advogados, um colégio de defesa. Mas quem o julgaria? E se o mandassem de novo para Espanha, apresentar-se perante a Inquisição? Mas não, Bórgia nunca o consentiria, era muito importante para ele continuar a ter plenos poderes no episcopado e, além disso, odiava os inquisidores, pessoas como aquele animal do Torquemada, que morrera apenas há um mês. Mas quais eram as acusações de que era alvo? Eram as mesmas de que fora alvo em Espanha ou eram novas? Antes de mais, era necessário saber como estavam as coisas.

Dois meses depois, a 6 de Julho, o imputado compareceu perante o Consistório Cardinalício que tinha a função de o julgar. De cabeça erguida, declarou a sua inocência, e abjurou, segundo a fórmula, todas as palavras de teor herético que pudessem ter saído inadvertidamente da sua boca. Ao lado dos membros do Colégio Cardinalício estava uma comissão composta pelo governador de Roma, um siciliano que mais tarde seria nomeado cardeal, Pietro Isvalli; pelo mestre de teologia do Sagrado Palácio, o dominicano Paolo Moneglia; pelo bispo alemão Eggert Durkop, que era auditor da Rota; por um auditor de Câmara, Pietro de Vicenza, e pelo notário Pietro Pontano. Com efeito, seria esta comissão e não o Colégio Cardinalício que o julgaria. Entre eles, reparou, nenhum era seu amigo, e o dominicano era um velho inimigo. Nomeou os seus advogados, quatro dos melhores disponíveis na praça.

Pietro Isvalli, o governador de Roma, começou a ler a longa lista de acusações de que era alvo: heresia, irregularidades, simonia, opressão da liberdade eclesiástica e falsidade. À lista, seguia-se o número das testemunhas interrogadas por cada acusação, ao todo mais de cem. Como era prática, os seus nomes eram mantidos cautelosamente em segredo, excepto um, o de um espanhol, um tal Pedro de Heredia que havia sustentado que Aranda pusera em dúvida a relíquia do ferro da lança de Cristo, afirmando que era uma falsificação criada pelos Turcos para enganar os cristãos. Um brilho de divertimento cintilou nos seus olhos, antes de se apagar num olhar compungido. «Não sabem mesmo que peixe apanhar», disse para si, «não têm verdadeiramente nada na mão.» Escutava as acusações com grande concentração, procurando apreender todas os seus matizes, para compreender de quem vinham e a que período da sua vida se reportavam. Os rostos dos cardeais estavam austeros, quase desatentos. O Papa impenetrável. Parecia uma mistura confusa de antigas acusações espanholas e de novos pontos de imputação referentes ao período romano. «Juntaram-nas todas, retomaram todas as acusações da Inquisição espanhola e integraram-nas cuidadosamente. Mas é apenas uma bola de sabão.»

A primeira acusação era a de heresia, sustentada por 23 testemunhas de acusação. Todas diziam que, na diocese de Calahorra, o bispo era comummente conhecido como herege. E o direito da época dava uma grande importância ao que se definia como «fama pública». Aranda era, em primeiro lugar, acusado de ter opiniões heterodoxas sobre a Trindade e de ter dito que era necessário confiar apenas em Deus e não no Filho e no Espírito Santo. Defendia ainda que a fé cristã era demasiado crédula, considerava apócrifa uma parte das Sagradas Escrituras, afirmava a inutilidade de andar por aí «a beijar os altares», e não tinha imagens de Cristo, da Virgem e de nenhum santo nos seus aposentos.

As duas últimas acusações referiam-se claramente ao período romano. Com efeito, as testemunhas referiam que era seu costume gozar com os fiéis que faziam o percurso das Sete Igrejas para obter indulgências. Quanto ao facto de não ter imagens, a acusação acrescentava que ele mandara apagar as imagens sagradas que estavam nos seus aposentos, entrincheirando-se atrás de uma permissão inexistente do Papa, e com o pretexto de que se tratava de porcarias. «Claro que existia a permissão», disse a si mesmo, «mas de que adianta dizê-lo agora? Pensarão até que terei ousado tanto, apagar as imagens sagradas, por minha iniciativa, eu, já conhecido como da estirpe de conversos, já apanhado nas redes da Inquisição?» Lamentava ter conseguido essa permissão, não ter verdadeiramente realizado o gesto audaz que lhe imputavam, pois fosse como fosse não teria maneira de provar a sua falsidade. Tratava-se, em todo o caso, de porcarias, *immunditias et tristitias*, frescos sem qualquer valor estético.

Heréticos

Além das suas opiniões, estavam sob acusação os seus comportamentos. No fim da leitura dos Salmos, tinha por hábito dizer «Glória ao Pai», em vez de «Glória ao Pai, ao Filho, e ao Espírito Santo», omitindo as duas últimas pessoas da Trindade. Era uma prática típica dos judaizantes, bem conhecida da Inquisição. Ademais, comia carne à sexta-feira e durante a Semana Santa, e não o fazia seguramente por motivos de saúde, uma vez que era um homem forte e robusto. Convivia em Roma com judeus e marranos condenados como judaizantes e prestava-lhes ajudas e favores.

Nesse instante, Moneglia, o dominicano, interrompe com um gesto dramático a longa lista de acusações do governador de Roma: «Vós não sabeis, nem sequer imaginais, o que são estes marranos, pessoas que não respeitam a lei cristã nem a hebraica!», gritou. Não se podia continuar assim, era necessário tomar providências em relação a eles.

A interrupção concentrara a atenção de todos. O clima tornara-se subitamente eléctrico. O imputado foi o que permaneceu mais tranquilo, limitando-se a franzir ligeiramente a testa. «É talvez aqui onde querem chegar! E eu terei de fazer de cordeiro de sacrifício, neste jogo interminável entre o Papa, os reis de Espanha, os conversos e a Inquisição? Se é apenas uma questão de dinheiro, posso pagar.» Teria novamente depositado o seu óbolo à ordem da Penitenciária Apostólica, assim como terão feito os outros «marranos», e tudo seria como antes, ou quase. Mas era esse «quase» que continuava a suscitar as suas inquietações. Aranda voltou a sentir-se velho, deslocado. Parecia-lhe não conseguir apreender completamente os pontos da questão. E sabia bem que, para quem se precipitasse, a queda era tanto maior quanto mais alto o ponto de partida.

Do alto do seu trono, interveio Alexandre VI, confiando ao dominicano a função de obter informações sobre este problema dos «marranos» e de as referir posteriormente no Consistório seguinte. Fê-lo num tom muito formal, conferindo aos membros daquela comissão o título de inquisidores. Aranda perguntou-se se Alexandre tinha verdadeiramente decidido reconstituir a Inquisição. Tudo correra muito bem, quase de um modo pré-ordenado. Com um suspiro de alívio, todos recomeçaram a ocupar-se do bispo, e o governador retomou as acusações. Pregava, acusavam outras testemunhas, como fazem os judeus, virado para as paredes, e em língua hebraica. Respeitava o sábado hebraico, ordenando aos servos que não trabalhassem e mandando-os almofaçar as mulas ao domingo. Além disso, passava o sábado, pelo menos quando se encontrava no seu palácio de Calahorra, fechado no seu quarto, sem receber ninguém. No que respeitava à comida para o sábado, mandava-a preparar sexta-feira. Seguia as regras alimentares hebraicas, mandando matar ritualmente os frangos e os outros animais pequenos.

Defendia abertamente os marranos espanhóis, continuava a acusação, afirmando que os reis católicos o perseguiam apenas para poder confiscar os seus bens, e dizendo que eram bons cristãos que não mereciam ser molestados pelos tribunais da Inquisição. «Esta é uma acusação que vem directamente dos documentos da Inquisição espanhola», pensou o acusado. Se todos os que falam mal da Inquisição fossem judaizantes, os primeiros a sê-lo seriam precisamente os papas, a começar por Alexandre VI, que não faz outra coisa senão escrever exactamente isso, que os inquisidores agem movidos pela avidez, para se poderem apoderar dos bens das suas vítimas. Mas dizê-lo para quê?

As outras acusações referiam-se à gestão da sua diocese de Calahorra. Comia antes de dizer a missa.

Batia, até lhes fazer sangue, em padres e sacerdotes, e a seguir celebrava a missa sem se preocupar em receber antes a absolvição. Era um simoníaco que não fazia nenhuma consagração sem antes ser lautamente pago e que vendia todos os benefícios existentes na sua diocese. Era um facto do conhecimento de todos em Calahorra. E não só, também não consentira aos clérigos com benefícios emitidos por Roma entrar na posse desses. E uma vez em Roma, o seu comportamento não fora seguramente melhor. Emitira três vezes actas falsas, uma destas para permitir a entrada na religião do seu filho, Alfonso Solares, que se tornara protonotário apostólico e que naquele momento se encontrava em Perúgia.

Agora, Aranda estava realmente preocupado. Também fizeram uma investigação em Roma, reflectiu, estão a preparar esta festa há muito tempo. Mantiveram actualizadas as acusações durante estes anos. Estava tudo ali, pronto a ser usado, e chegados a este ponto decidiram fazê-lo. Mas porquê logo agora, quando estava para me tornar um cardeal, um príncipe da Igreja? Ou talvez fosse exactamente por isso? Esta hipótese pareceu-lhe particularmente atormentadora e afastou-a com uma sacudidela de ombros. E no entanto, sabia que a sua autoconfiança ia enfraquecendo. «Já não me reconheço», pensou com um leve sorriso de escárnio, enquanto a sessão do Consistório terminava e os guardas o ladeavam para acompanhá-lo de novo ao Castelo de Sant'Angelo, ao apartamento de duas divisões onde deveria passar o período de cativeiro, apenas com dois servos para se ocuparem das suas necessidades. E este Papa, que me parecia tão previsível, apenas atento ao seu *particulare*», continuou a perguntar-se, «porquê esta manobra imprevista, que o conduzia a uma aliança de facto com os odiados inquisidores espanhóis?» O pior de tudo era a sensação de que as jogadas já estavam decididas, que tudo isso não tinha grande importância. «Rebentará um escândalo?», perguntou-se ociosamente. «Os embaixadores apressaram-se a comunicar aos seus senhores a grande novidade, a condenação do Mestre do Sagrado Palácio. E depois? Amanhã, as notícias serão outras e daí a poucos dias quem se recordará do velho prelado espanhol encarcerado nos seus aposentos do Castelo de Sant'Angelo? E se morrer, como poderei morrer, como bom cristão ou como bom judeu que me acusam de ser? Não me interesso verdadeiramente pela religião de Moisés, todas estas parvoíces de que me acusam... não me recordo de mais nada do que sabia.» E também isso era bastante pouco, o pouco que a sua avó conseguira contar-lhe quando os seus pais não se apercebiam. Apesar disso, sentira-se sempre diferente dos outros. Tivera sempre a ideia de que se poderia permitir tudo, de estar acima da religião porque todas lhe pareciam iguais. Suspirou, enquanto pedia a um dos seus dois empregados que lhe levasse um jantar leve e lhe servisse um copo de bom vinho, sem água. Fazia muito calor, um calor húmido e doentio.

Ainda mais calor fazia no dia da procissão dos marranos. Aranda continuava encarcerado no Castelo de Sant'Angelo. Em Setembro, seria condenado à reclusão perpétua, e a sua casa seria arrestada juntamente com o resto dos seus bens e doada ao Hospital de São Tiago dos Espanhóis, que se encontrava mesmo ali ao lado. E, ainda enclausurado nos seus aposentos do Castelo de Sant'Angelo, viria a morrer dois anos mais tarde. Nas duas semanas entre o processo de Aranda e a penitência infligida aos marranos, a comissão dos inquisidores atarefara-se muito. Melhor ainda, atarefara-se o grande mestre-de-cerimónias a preparar aquela cerimónia tão insólita. Estudaram-se os relatórios das cerimónias da Inquisição espanhola, interrogara-se a fundo um frade que fora inquisidor em Toledo e que agora vivia num convento romano. As costureiras tinham feito todas aquelas «fatiotas», sem sequer terem tempo para descansar à noite. E os inquisidores interrogaram todos aqueles conversos, mesmo os que conheciam muito bem e de quem sabiam toda a história. Deviam confessar e fazer penitência, receberiam uma absolvição formal, e que tentasse depois o rei de Espanha deixar que os seus inquisidores continuassem os seus processos perante uma absolvição pública tão solene. Mas os penitentes sabiam que era melhor evitar pensar no regresso a Espanha e ficar em Roma, encontrar um canto tranquilo onde passar o resto da vida, como bons cristãos. A populaça murmurava à sua passagem, nunca os olhara com bons olhos e agora podia manifestar-se: eram todos hereges. E os piores não estavam sequer ali entre eles, dizia-se, mas haviam feito a sua penitência em segredo, no retiro dos palácios, personagens de primeiro plano, todos judeus e marranos, «muito ricos, mais dignos de serem beijados do que os altares».

A procissão continuava a desenrolar-se pelas ruas da cidade. Os marranos desfilavam dois a dois, com as velas acesas na mão, nas suas fatiotas. O sol inclemente. O Papa, após a benção, retirou-se aos seus novos aposentos para o almoço.

O sacrifício do Touro

∞

III

O sacrifício do Touro

Em Agosto de 1522 grassava a peste em Roma. A Cúria esvaziara-se e os cardeais apressaram-se a deixar a cidade, fugindo daqui e dali. O novo Papa, eleito em Janeiro desse ano, ainda não havia chegado à cidade. Nas funções de vigário estava o cardeal Domenico Iacobazzi, um velho cardeal nomeado pelo papa Leão, que procurava manter a ordem como podia. Mas a cidade tornara-se completamente ingovernável e, como escrevia o embaixador veneziano ao Senado, «todos os dias se matavam pessoas». As duas tradicionais facções dos Colonna e dos Orsini também haviam reiniciado a sua eterna guerra. A 15 de Julho, os Romanos acorreram à execução pública de dois bandidos napolitanos, que tinham no seu currículo mais de 100 assassinatos. Porém, apesar destas execuções, a ordem não fora restabelecida.

O novo Papa, um flamengo, o cardeal de Utrecht, encontrava-se naquele momento no mar, a caminho de Roma. Demorara-se bastante em Espanha, onde se encontrava a desempenhar as funções de vigário do imperador quando obtivera, inesperadamente, a tiara. Estava muito ligado a Carlos V e fora seu preceptor. A eleição de um flamengo, de um estrangeiro, deixara os Romanos consternados. Na Cúria reinava até mesmo o pânico, apenas os cardeais «imperiais» estavam satisfeitos. Além do mais, aquando da sua morte, o papa Leão deixara os cofres completamente vazios. Entre a peste, as dificuldades económicas e os desacatos, não havia realmente motivos para se estar alegre.

Nem tão-pouco a situação geral era muito prometedora: os Turcos sitiavam Rodes e ameaçavam a Hungria. Além disso, falava-se cada vez mais da heresia que estava a atingir a Alemanha, daquele monge, Lutero, que difundia as suas doutrinas através da nova arte da imprensa, feito inaudito. E os horóscopos previam para Fevereiro de 1524 uma terrível conjugação de planetas, Saturno, Júpiter e Marte no signo de Peixes, a ponto de levar a um novo dilúvio universal, que submergiria todas as terras habitadas. Havia já quem pensasse em construir uma arca. O mundo cristão parecia ameaçado por todos os lados.

Na Cúria, os cardeais que ficaram em Roma sentiam-se entre dois fogos: por um lado, o novo Papa que estava para desembarcar, que era preciso receber, coroar. Entre si, falavam dele com desprezo, como se de um bárbaro se tratasse. Dele sabia-se bastante pouco, salvo que era um homem do imperador. Mas ignorava-se tudo acerca da sua pessoa, do seu aspecto, dos seus gostos, da sua religião. O que fazer para lhe agradar, sobretudo agora que os cofres estavam completamente vazios, e não se sabia o que fazer para sobreviver? Recorrendo aos últimos fundos, decidira-se construir um arco do triunfo junto da porta de São Paulo para celebrar a sua entrada em Roma e a sua coroação. Mas Adriano fizera saber que se tratava «de coisas de gentios, não de religiosos cristãos». Habituados ao papa Leão, os cardeais não conseguiam vencer a estupefacção. E, além disso, a epidemia, que rebentou em Junho com o primeiro calor, propagava-se. Mesmo os poucos que ficaram quereriam partir, abandonar os perigos da cidade, mas como poderiam permitir-se tal

O sacrifício do Touro

coisa, quando as galés que transportavam o Papa já haviam deixado Génova e se aproximavam de Civitavecchia? Quanto ao Papa, avisado repetidamente dos perigos da peste, parecia não se preocupar com isso e proclamava aos sete ventos a vontade de se estabelecer entre os seus fiéis.

Foi nestas circunstâncias que um tal Demétrio, um grego da Moreia, fez saber ao provedores da peste e ao cardeal camerlengo que era capaz de realizar um feitiço que acabaria rapidamente com a epidemia. Em troca queria uma autêntica pensão: 20 ducados por mês para si e para os seus herdeiros. Contudo, só começaria a recebê-los quando o seu feitiço tivesse feito efeito, quando a peste tivesse sido erradicada. E que o pusessem na prisão se falhasse! O grego dirigira-se a um certo senhor Constantino, bem conhecido na Cúria, que havia comunicado a sua proposta às autoridades. O pacto foi estipulado e o grego começou a trabalhar no sentido de pôr em prática o seu feitiço. Precisava de um touro feroz, o mais feroz possível, completamente preto, e de uma fonte. Não uma fonte qualquer, porém, visto que revirou a cidade inteira para procurar uma que servisse e que finalmente encontrou a cerca de três milhas do Capitólio. O touro também foi encontrado e era tão feroz que foram precisos 20 homens para o levar até à fonte, onde Demétrio o esperava. Aqui, o grego começou a murmurar palavras estranhas que ia lendo num livro seu e de repente o touro «tornou-se mais humano do que um cordeiro». Nesse momento, o grego mandou amarrar o touro pelos cornos e atirou-lhe um pouco de água ao focinho, pronunciando outras palavras. De súbito, o touro enfureceu-se novamente, a ponto de conseguirem a muito custo, entravado como estava, arrastá-lo pela cidade. Os Romanos seguiam-no, e a multidão crescia à medida que se espalhava a notícia do feitiço.

Sobre o que acontecera depois, circulavam vozes contraditórias. Segundo alguns, o grego limitara-se a proibir que nos próximos três dias se abatessem bois ou vitelos na cidade, ou outros animais de quatro patas. Ao fim de três dias, teria dito, a peste seria completamente erradicada. Quanto aos que já estavam doentes, bastava que bebessem um pouco de água da fonte e seriam curados sem demora. Para outros, no fim da procissão o grego teria levado o touro para o interior do Coliseu, lugar que, como todos sabiam, era povoado de demónios, sacrificando-o exactamente como os gentios faziam na Antiguidade, quando sacrificavam um animal àqueles seus deuses demoníacos. Não eram muitos, é verdade, os que tinham arranjado coragem para seguir o grego até ao interior do Coliseu, e que podiam assim contar ter visto o desenrolar do sacrifício. Uma noite, não muitos anos depois, Benvenuto Cellini – narra-o na sua *Vida* – teria evocado os demónios, seguindo um padre necromante, mesmo no interior do Coliseu, e aí teria visto aparecer espíritos infernais aos magotes.

O velho cardeal Iacobazzi não era propriamente um humanista douto, mas nem tão-pouco se pautava exageradamente pelo seu zelo religioso. No conclave seguinte, a sua irrelevância fizera dele, por momentos, o candidato ideal de compromisso à tiara, antes que os cardeais chegassem a acordo sobre Clemente VI, mais um Médicis. Mas conseguira o chapéu cardinalício, em todo o caso, através do papa Leão, e não se deixava escandalizar facilmente com questões de ortodoxia. Contudo, esta história do sacrifício do touro pareceu-lhe decididamente exagerada. Não que o touro em si, devido à sua ligação com a religião dos Egípcios, o preocupasse em demasia. No fundo, as salas mandadas pintar pelo papa Bórgia reproduziam a efígie do animal, e todos se haviam habituado a vê-la, nem sequer se recordavam de que era um tema pagão, associado ao culto de Ísis e não apenas ao brasão heráldico dos Bórgia, o boi. Porém, o sacrifício de um animal nunca se vira em Roma, nem sequer no século passado, quando a moda da religião pagã ganhava prosélitos por toda a parte, entre prelados e cardeais, e humanistas da Academia Romana, à força de frequentarem o mundo grego e romano, haviam criado alguns problemas até aos papas mais favoráveis ao estudo da Antiguidade. Aquele touro preto sacrificado recordava-lhe vagamente os mistérios orientais. Parecia-lhe ter lido que precisamente próximo do Coliseu, talvez no lugar onde agora se erguia a igreja de S. Clemente, se sacrificavam touros – não sabia se eram pretos sequer – ao deus Mitra. Não acreditava seriamente que aquele grego conhecesse os antigos cultos orientais e tivesse a intenção de os reabilitar. Mas fosse como fosse, mais do que um feitiço, afigurava-se-lhe um acto de autêntica idolatria: agradecer ao Senhor como se fosse um deus dos gentios. Idolatria dos deuses antigos, dos demónios, do touro. Idolatria do vitelo de ouro. De modo que o Novo Moisés decidiu intervir. Além do mais, sabia que Adriano não tinha simpatia alguma por tudo o que cheirasse a paganismo. Não lhe interessava, assim dizia, a mitologia, e nem sequer se interessava por arte, pintura, e pelo deslumbramento das imagens. Pois Roma, assim como era, ter-se-lhe-ia afigurado uma nova Babilónia, um pouco como escrevera aquele monge alemão que estava a agitar o mundo, como se chamava?, e imagine-se se, ainda por cima, se soubesse que sacrificavam touros em Roma, com o respeitável aval dos interinos na saúde e de alguns príncipes da Igreja, sem que ele, o cardeal vigário, tão-pouco interviesse. Tomado pela ansiedade, deu ordem para prender o grego. A notícia deixou a população em pânico, porque se sabia que o feitiço ainda não estava concluído, que Demétrio ainda o deveria aperfeiçoar. Suplicaram para que o deixassem terminar, que pelo menos se fizesse esta tentativa. Mas o cardeal permaneceu firme. O navio que transportava o novo Papa estava para atracar em Civitavecchia e o cardeal não tinha absolutamente vontade de ser vítima da sua ira. Demétrio definhou na prisão durante quatro dias, depois, as insistências dos Romanos convenceram o cardeal a libertá-lo, na condição, porém, de que deixasse Roma imediatamente. No fundo, terminar rapidamente o assunto parecia-lhe a melhor opção. O cardeal mandou queimar os livros perversos usados no feitiço e proclamou uma procissão solene de expiação.

Estavam mesmo todos e sobretudo os que haviam acompanhado a procissão do touro. Na primeira fila, em grande número, jovens e rapazes, seminus, firmes na intenção de se flagelarem com grande intensidade, seguidos por homens mais adultos. E ainda «a turba das matronas», segurando velas acesas na mão e chorando em voz alta. Todos gritavam: «Misericórdia, misericórdia». As imagens mais veneradas foram levadas pela cidade, por entre uma enorme multidão. Entre outras, a imagem de Nossa Senhora que se encontrava na igreja de Santa Maria in Portico e que já cegara uma judia, que ao vê-la passar na piazza Giudia virara a cabeça, e também havia atingido um outro judeu que se voltara de forma a não ter de olhar para ela e ficara torto. Levaram ainda em procissão uma imagem antiga da Virgem, que vinha de Constantinopla e que estava guardada em Santo Agostinho. A imagem acabara de curar um menino com peste, levado também ele triunfalmente em procissão. As procissões sucediam-se, quase todos os dias, com cada vez mais participantes. «Vejam que admiráveis transformações deste vulgo, a superstição grega *ad sanctissimam religionem*», escrevia em Roma, com alguma ironia, o literato Girolamo Ruscelli. Mas a peste, naturalmente, em vez de esmorecer, parecia ganhar força com estas grandes aglomerações de povo. Por todo o lado, as pessoas morriam em grande número.

A 27 de Agosto, o novo Papa desembarcou finalmente em Civitavecchia. Apressou-se a chegar a Roma, sem se inquietar com a peste e preocupado com a religião e com a moral dos Romanos. A coroação foi mais discreta, em parte por causa da peste, mas principalmente porque Adriano não gostava de pompa.

O sacrifício do Touro

E, além disso, não havia mesmo um tostão. O novo Papa começou logo a fazer economias. Não só parecia que não lhe pesava, mas que até estava contente com isso. Não tinha comitiva e reduziu imediatamente a corte de forma drástica. Os Romanos acusavam-no de avareza. A descrição do sacrifício do touro deixara-o muito perturbado e recordou o facto publicando um edital *Contra Magos*, e decretando uma bula contra as bruxas que infestavam a Lombardia. Mas não estava certo de que isso bastasse: o episódio do touro era diferente de todas aquelas bruxarias, ainda que, como os Padres sustentavam, os deuses antigos não fossem senão demónios. Aquele sacrifício parecia-lhe quase dar razão a Lutero: era o sinal de que Roma era verdadeiramente a Babilónia, que o paganismo permanecera bem vivo no coração do cristianismo. Não o disse, mas pensou-o muitas vezes.

A sobrevivência dos antigos deuses continuou a perturbar o curto pontificado de Adriano, entre todas aquelas estátuas e imagens que outros antes dele haviam reunido para embelezar a cidade e alegrar os seus habitantes. Os nus do célebre Laocoonte, descobertos apenas poucos anos antes, horrorizaram-no, e nos sujeitos mitológicos de quadros, estátuas e frescos via «superstições», cultos falsos e impróprios. O belo deixava-o desconfiado e a arte não lhe interessava. Morreu no ano seguinte, sem ter conseguido conquistar o amor dos Romanos. Do grego não se soube mais nada.

Quem mandou os demónios?

∞

IV
Quem mandou os demónios?

Decorria o ano de 1554. Era um Julho particularmente sufocante e o monge beneditino entrou nas naves largas e frescas da Basílica de São João de Latrão, talvez para se resguardar do sol. A basílica encontrava-se num estado de grande decadência e os últimos restauros remontavam a muitas décadas antes, quando em 1512 acolhera os trabalhos do V Concílio de Latrão. Apesar disso, continuava a ser a Catedral de Roma, fundada sob o domínio de Constantino logo após a vitória do cristianismo, rica em relíquias muito preciosas, visitada por peregrinos de toda a Europa. Um numeroso grupo de raparigas, pouco mais que meninas, atraiu o seu olhar. Eram muitas, vestidas a rigor como noviças, guiadas por algumas matronas com ar autoritário. Era claro que as jovens pertenciam a algumas pias instituições que tomavam conta delas. A visita à Basílica de Latrão e às suas relíquias era dedicada a edificar as suas almas e a aperfeiçoar os seus conhecimentos religiosos. O monge seguiu-as distraidamente com o olhar até que, de súbito, a sua expressão se tornou mais atenta, diferente, como se um caçador tivesse farejado a presença de uma presa. Sob o véu, os seus rostos estavam ruborescidos, os seus olhares vivos e distraídos. Atirou-se para o chão diante delas, orando ardentemente em voz alta ao Senhor. Agora, todas as jovens olhavam para ele, curiosas pela sua veemência. Finalmente, levantou-se e dirigiu-se a elas com voz de comando, invocando os demónios que habitavam os seus corpos, perguntando quais eram os nomes desses espíritos imundos e por que se haviam apoderado dos corpos daquelas jovens. As raparigas, assustadas, retiraram-se. Então, o beneditino dirigiu-se, com ar determinado, às matronas que as guiavam: «Estas jovens estão possuídas por demónios. Devemos agir imediatamente, procurar expulsá-los. Não há tempo a perder.»

Aquele beneditino, tão rápido a reconhecer a presença do demónio, era obviamente um experiente exorcista. Francês, o monge estivera mais do que uma vez envolvido com mulheres possuídas por demónios, sabia como reconhecê-las, que perguntas fazer aos demónios que falavam através das suas bocas, como confundi-los, como levar a melhor sobre eles. Encontrar agora à sua disposição 89 possessas, pareceu-lhe uma autêntica graça divina. Sem perder tempo, começou a evocar os demónios.

Oitenta e nove raparigas possuídas pelo demónio numa cidade como Roma, onde todos se conheciam e sabiam tudo uns dos outros, não era algo que passasse despercebido. E assim, desde o primeiro acto de exorcismo, bem no meio da Basílica de Latrão, os Romanos começaram a juntar-se em torno do espectáculo, que não era propriamente excepcional mas que, em todo o caso, não acontecia com muita frequência. Com efeito, há anos que não se faziam exorcismos públicos. No dia seguinte, o papa Júlio III, preocupado com o clamor que o caso estava a suscitar, além das suas consequências, nomeou oficialmente o beneditino exorcista das 89 possessas, mas, para ficar mais seguro, fê-lo acompanhar por dois exorcistas italianos, que sabiam como estavam as coisas em Roma e não se arriscariam a

Quem mandou os demónios?

criar escândalos e confusões inúteis. E ordenou, sobretudo, que os exorcismos fossem transferidos para o interior da instituição que acolhia as raparigas, o Colégio das Virgens Miseráveis, uma instituição fundada uma dezena de anos antes sob iniciativa de Inácio de Loiola junto à igreja de Santa Caterina dei Funari. Mas esta tentativa de operar com discrição revelou-se desastrosa. O beneditino francês estava interessado em alargar o seu público o mais possível, os exorcistas italianos tão-pouco eram alheios à popularidade, e as possessas então... comportavam-se como se estivessem no teatro, com todas as possibilidades que este desdobramento de personalidade lhes oferecia: reviravam os olhos, gritavam e cantavam, falavam, como toda a possessa que se preze, línguas diferentes das suas, que ninguém lhes havia ensinado, e que os exorcistas conheciam pontualmente, hebraico, grego, latim. Permitiam-se tudo aquilo que a vida no Colégio lhes havia negado, obrigando-as a manter o decoro, a falar em voz baixa, a rezar. Aqui, eram os demónios responsáveis por tudo, e todos os actores da comédia, dos exorcistas às possessas, pareciam quase divertir-se. E não só não usavam discrição alguma na celebração dos exorcismos, como faziam o máximo de barulho possível. E os Romanos, ainda que lhes fosse vetado assistir ao espectáculo, não faziam outra coisa senão falar sobre isso.

As autoridades voltaram a preocupar-se e Júlio III fez saber aos exorcistas que era hora de expulsar aqueles demónios indisciplinados e de repor a ordem na cidade. Posto entre a espada e a parede, o beneditino empenhou-se em ir à raiz do escândalo e, visto que as suas forças por si só não bastavam para expulsar os demónios, procurou pelo menos que eles confessassem de onde vinham e quem os mandara afligir precisamente aquelas raparigas, rapariguinhas inocentes, pouco mais que meninas.

«Quem nos mandou? Os judeus», respondeu um dos demónios, que falava pela boca de uma das raparigas, uma jovem esperta de olhos cinzentos que até ao momento ficara um pouco à parte, e que não parecia muito perseguida pela presença diabólica. «Sim, foram os judeus», recomeçaram os outros demónios sempre pela boca das raparigas. Neste momento, o beneditino estava verdadeiramente confuso. Em toda a sua carreira, nunca lhe acontecera tratar com demónios enviados pelos judeus. Está bem que em França não havia judeus, porque haviam sido expulsos há mais de dois séculos, e desde então não puderam voltar a pisar solo francês. Em Roma, ao invés, havia judeus e de que maneira. Nunca chegaram a ir embora, havia judeus antes do nascimento de Cristo, desde a época dos imperadores pagãos, dizia-se até que eram mais Romanos do que os outros Romanos. O beneditino sabia-o, naturalmente, como sabia também que, dos judeus, se podia esperar tudo, até mesmo familiarizar-se com demónios e mandá-los invadir o corpo de cristãos. «Mas, uma coisa do género e, afinal, porquê?», perguntou. «Para nosso castigo», respondeu de novo a rapariga dos olhos cinzentos, «porque somos todas *meshummad*, apóstatas, somos judias cristãs, e estes demónios são o castigo pela nossa apostasia.» O caso não só se estava a tornar muito sério, como também muito arriscado. Os demónios, pela boca das raparigas, acusavam os judeus: algumas delas eram realmente convertidas, muitas ainda crianças, outras já crescidas. E agora, a totalidade dos judeus, isto é, toda a comunidade, não só os homens mas todos, mesmo todos, homens, mulheres, velhos e crianças, teriam enviado aqueles demónios para castigar o grande pecado cometido por algumas delas: a apostasia.

A questão já não podia ser deixada nas mãos dos nossos três exorcistas, muito menos nas do beneditino, que sabia muito pouco de judeus e que no bairro dos judeus passara no máximo duas vezes, sem sequer saber onde se situava. Além do mais, todos falavam sobre isso e corria-se o risco de o povinho de Roma se aproveitar da situação para algumas reacções ousadas

Quem mandou os demónios?

que em outros lugares eram permitidas contra os judeus incrédulos e deicidas, como assaltar as suas casas, agredi-los, talvez tentar cometer o disparate de os converter à força, tudo o que o Papa não queria que sucedesse em Roma. Seja como for, essas reacções não resolveriam o problema dos judeus e teriam apenas arranjado sarilhos à Igreja. Sem contar que se teria tratado de uma violência injusta, contra a lei e contra a religião e os cânones sagrados. Os exorcismos públicos foram suspensos rapidamente. E a questão passou para as altas esferas.

Este era um momento bastante delicado nas relações entre o papado e os judeus. Roma permanecera um dos raros lugares, no mundo católico, a suportar a presença destes infiéis. A Inglaterra e a França expulsaram-nos havia muito tempo, e ainda que agora a França atravessasse uma grande crise e o rei já não tivesse a força e a autoridade de outros tempos, os judeus, em todo o caso, não tinham aproveitado para regressar. No que respeita a Espanha, expulsara-os 60 anos antes, e os judeus vieram para Roma, refugiando-se precisamente ali, no coração do mundo católico, e o rei de Espanha enviara, inutilmente, o seu embaixador para protestar com o Papa – à época Alexandre VI, de não muito santa memória – e lhe dizer que não era de todo oportuno acolhê-los no coração do mundo católico, uma vez que o rei de Espanha se esforçara tanto por expulsá-los, indo até contra os seus interesses imediatos, pensando apenas no bem da religião. Mas Roma obstinara-se em manter os judeus, e ao lado dos seus, os Italianos, acolhera também algumas centenas dos espanhóis. A comunidade crescera, enriquecera, consolidara-se. E agora, em Itália, os judeus ficaram apenas no Estado Pontifício, em Veneza e nos Estados do Norte e centro de Itália. Mas não por toda a parte. Em Génova não os queriam de modo nenhum, em Veneza haviam-nos fechado num bairro só para eles, de onde podiam sair apenas durante o dia, de forma a não se misturarem com os cristãos. «Gueto», chamavam-lhe. No reino do sul, foram expulsos, e o Milanês também tudo fazia para se livrar deles. Ficaram apenas em poucos lugares, e muitos pregadores, frades e religiosos vinham dizendo que também era tempo de se livrarem deles em Roma. Escreveram-no dois monges camaldulenses numa proposta de reformas dirigida a Leão X, que levantara bastante celeuma na Igreja nos tempos de Lutero, mas nada se fizera posteriormente nesse sentido. Os reformadores que pululavam no mundo católico, no fundo, não eram de todo favoráveis a manter os judeus no seu próprio seio, e continuavam a sustentar que não eram as razões teológicas que levavam a Igreja a acolhê-los – para testemunhar a verdade da razão cristã, como diziam! – mas sim questões mundanas, de dinheiro. Contudo, os papas continuavam a fazer-se de desentendidos.

Desta vez, porém, o Papa reagiu com grande dureza. Era preciso ir até ao fundo da questão e, a ser verdade, a comunidade devia pagar pela sua culpa. Tratava-se de um facto muito grave: a ruptura do pacto fundamental que obrigava os cristãos a manter os judeus no seio do cristianismo para que estes fossem obedientes e prontos a servir. Mas esta era uma autêntica agressão, ainda por cima levada avante contra os neófitos, assunto da Inquisição. Em Espanha, por muito menos se acendiam as fogueiras. Se fosse verdade, deveriam ser todos expulsos de Roma ou até mesmo julgados e condenados à morte, como em Trento, sob o pontificado do Papa Sisto IV, quando toda a comunidade foi considerada culpada pelo assassínio do menino Simonino. O cardeal Carafa, dirigente da Congregação do Santo Ofício e considerado chefe do partido reformador, prelado muito rígido e hostil à presença dos judeus, também exigia insistentemente que fossem tomadas medidas nesse sentido.

A comunidade, que de casos de exorcismos e de possessões nunca se ocupara muito, pois eram assuntos internos ao mundo dos cristãos, estava naturalmente em grande aflição. Enviaram-se representantes da comunidade ao Papa para se justifica-

Quem mandou os demónios?

rem, mas este recusou-se a recebê-los. Proclamaram-se jejuns de expiação e orações. Um grave perigo parecia ameaçar os judeus de Roma.

Os cardeais reuniram-se em consistório para discutir os demónios. Com efeito, a questão da possessão era bastante controversa. Em alguns aspectos, os teólogos estavam de acordo, como nos sinais que permitiam reconhecer uma possessão (entre os quais o famoso conhecimento de línguas estrangeiras). Todos estavam de acordo sobre o facto de o diabo se apoderar do corpo sem o consentimento de quem era possuído, sem pactos, nem juramentos, nem adoração diabólica. É certo que alguns defendiam que o diabo não podia apoderar-se das almas puras e sem pecado, mas isso era outra questão: uma coisa era ser um pouco fraco perante o pecado, outra coisa era jurar fidelidade ao demónio. Mas no que diz respeito à questão do porquê de os demónios se apoderarem de um corpo ou de outro, os teólogos continuavam a ter opiniões diferentes. Fosse como fosse, era um dado consensual que os homens não tinham o poder de enviar aqui e ali os demónios a seu bel-prazer, de orientá-los ora para este, ora para outro dos seus inimigos. E os judeus, embora alguns os considerassem malvados como o diabo, eram homens como os outros. E isto originava discussões sem fim entre cardeais e teólogos. A linha de Carafa, que exigia a expulsão dos judeus de Roma, afirmava-se como a mais provável. Até que se levantou um jesuíta de respeito, presente no papel de consultor. Era um homem muito estimado, e pensava-se que quando Inácio de Loiola morresse, que estava velho e doente, fosse ele o seu sucessor. Na qualidade de jesuíta, era evidente, Laynez estava mais interessado em resolver rapidamente o caso, que desacreditava o Instituto do Colégio, uma das pratas da casa da Companhia, e que além disso arriscava ameaçar a acção de conversão dos judeus levada a cabo pelos jesuítas. Dizia-se ainda que também ele tinha, de longe, sangue judeu, mas isso dizia-se de muitos. Os Romanos, por exemplo, consideravam que todos os Espanhóis eram «marranos».

A intervenção de Laynez acalmou os ânimos e trouxe uma vaga de racionalidade àquele respeitável convénio. Disse que não se tratava de saber se os homens eram ou não capazes de enviar um demónio para o corpo. Podia-se até discutir sobre isso. Mas tantos, mais de duas mil pessoas, velhos, mulheres, crianças, todos de acordo e todos capazes de recorrer ao demónio? Convenhamos, isso parecia verdadeiramente impossível. Como se este parecer tivesse posto fim a uma ebriedade geral e restituído a luz da razão, todos concordaram. Então, se o que as raparigas diziam não era verdade, não havia a possibilidade de estarem a mentir por qualquer motivo desconhecido? Não era melhor, antes de expulsar ou matar os judeus, tentar fazer falar um pouco mais as possessas? E quem sabe esquecer os exorcismos e passar a umas quantas boas chicotadas, que nunca falharam em fazer admitir a verdade a ninguém, possesso ou não que fosse?

Assim foi feito. Sob o chicote, as raparigas confessaram que nada era verdade, que a ideia de culpar os judeus lhes havia sido sugerida por um prelado que viera assistir aos exorcismos, não sabiam quem era e por que lhes sugerira essa ideia, mas fizeram-lhes uma série de promessas se conseguissem manter esta versão e fizessem cair os judeus em desgraça. Só a rapariga dos olhos cinzentos – que se convertera realmente há pouco menos de um ano, embora os seus pais tivessem permanecido judeus, não os vendo desde então – continuava a acusar os judeus, chorava e gritava ser uma apóstata. Só conseguiram fazer com que se calasse ameaçando processá-la pela Inquisição como judaizante. Não sabemos o que aconteceu às raparigas. Por detrás do homem que as subornara, encontrado sem muitas dificuldades, descobriu-se uma realidade bastante banal. Os que queriam destruir os judeus não eram movidos pela religião e

Quem mandou os demónios?

pela vontade de purificar o mundo cristão desses infiéis, mas sim homens da corte papal que esperavam tirar proveito disso e ficar com parte dos bens apreendidos aos judeus. Os culpados foram encarcerados.

Entretanto, morrera o papa Júlio e morrera também o seu sucessor, Marcelo II. Mas o novo pontífice, que era precisamente o cardeal Carafa, não só não libertou os cortesãos culpados, como os mandou executar pela calada da noite, sem grande alarido. Se tivesse acreditado realmente nesta intriga, teria posto em perigo a sua alma, condenando inocentes: «Sem o meu bom jesuíta, teria perdido a minha alma, pois teria feito morrer injustamente os judeus. Quero fazer o mais possível pela sua conversão, proclamou, mas sem os perseguir injustamente». O exorcista regressou a França com alguma rapidez. Os judeus festejaram alegremente o perigo evitado. Mas redobraram a atenção e decidiram estar de ouvidos atentos ao que sucedia entre os cristãos.

Poucas semanas depois, em Julho de 1555, o Papa decidiu criar o gueto. Os judeus teriam de viver enclausurados, como em Veneza. Portas fechadas de noite, circundadas por guardas. Era para o bem deles, para tornar as suas vidas mais difíceis, aguardando que todos se convertessem à fé de Cristo. Mas nunca mais se falaria em mandá-los embora. Deveriam ficar em Roma, enclausurados no seu bairro. Teriam processos iguais quando erravam, exerceriam aquelas poucas e vis profissões que a sua qualidade consentia, viveriam separados dos cristãos. Mas ficariam ali, sem expulsões, enquanto não aceitassem espontaneamente a verdadeira fé.

O menino crucificado

∞

V

O menino crucificado

Duas semanas após a sua eleição, numa manhã luminosa de Abril de 1555, o Papa Marcelo II estava absorvido pela tentativa de pôr ordem nos seus projectos de reforma, mas não sem uma vaga nostalgia pelos seus queridos clássicos, pela opereta que estava a traduzir a partir do grego em elegantes versos latinos e que agora – temia – permaneceria abandonada em cima da sua escrivaninha. Marcelo II, Marcello Cervini antes de ser eleito, havia querido conservar o seu nome no acto da eleição pontifícia; fora eleito após um conclave de apenas quatro dias, e tinha 54 anos. Os festejos pela sua coroação, a 10 de Abril, haviam sido suspensos, porque estávamos na Quaresma, mas também porque o novo papa era um homem austero, expoente máximo do partido reformador. Imediatamente a seguir à sua eleição, Marcelo II dedicou-se a preparar uma bula reformadora de tão grande alcance que determinou uma mudança radical na política do papado e na vida religiosa de todo o mundo católico. Mas o projecto foi interrompido, após apenas 22 dias de pontificado, pela sua morte repentina, devida a um ataque de apoplexia. É considerado o primeiro papa da

Contra-Reforma. Durante o seu breve pontificado, encontrou-se, em Roma, o corpo de um menino assassinado e espalhou-se o boato de que fora morto pelos judeus. O caso, imediatamente resolvido com a descoberta dos verdadeiros assassinos, foi o único de acusação de homicídio ritual em toda a história da cidade.

Precedido por um criado que quase não conseguiu anunciá-lo a tempo, um homem ainda jovem, numa elegante veste cardinalícia, entrou sem muitos cuidados nos seus aposentos. Era Alessandro Farnese, o sobrinho do Papa Paulo III, que o nomeara cardeal em 1534, com apenas 14 anos. Marcelo fora seu preceptor no passado e seguira-o nas suas inúmeras missões pela Europa. Eleito por sua vez cardeal, Cervini havia percorrido caminhos diferentes dos do seu pupilo. Não partilhava com ele a vida mundana, as escolhas de luxo e de mecenato, mas apreciava a sua atilada inteligência e as suas grandes capacidades políticas. Em 1555, Alessandro Farnese tinha 35 anos. Não era, portanto, muito mais velho do que parece no famoso quadro de Ticiano, que o pinta, com menos de 25 anos, em vestes de cardeal ao lado do velho Paulo III. Há um ano que voltara a viver em Roma, onde mantinha uma corte faustosa no Palácio Farnese. Político astuto e desenvolto, parecia perturbado ao dar a notícia ao papa: o cadáver de um menino fora encontrado mesmo ao lado de São Pedro, no Campo Santo Teutónico, pregado numa cruz e coberto de feridas. O boato espalhara-se rapidamente pela cidade ainda ensonada e agora apinhava-se uma multidão nas proximidades de Campo Santo. Entre a multidão, um pregador, um judeu convertido, gritava aos sete ventos que se tratava de um homicídio ritual levado a cabo pelos judeus, segundo os seus antigos costumes. Era preciso intervir imediatamente, acalmar a emoção da multidão, encontrar o culpado, antes que a ordem da cidade fosse por isso perturbada e que a multidão atacasse as casas dos judeus e eles próprios. Profundamente perturbado o Papa pediu ao cardeal Farnese que

O menino crucificado

tratasse ele próprio do assunto, com a máxima delicadeza, que ordenasse aos esbirros que mantivessem a ordem e mandasse calar o pregador demasiado zeloso. Mas, acrescentou, também era necessário descobrir quem eram os assassinos, e se não tinham sido realmente os judeus. Pediu ao cardeal Farnese que voltasse para lhe dar notícias e discutir a questão com ele.

Marcelo estava muito perturbado. Alessandro parecia estar apenas preocupado com a ordem pública. Mas pensou que era necessário repor também outra ordem, a ordem moral e religiosa violada pelo homicídio. Não se sentia preparado para a missão. Apelando à memória, lembrou-se do que sabia sobre a acusação de homicídio ritual. Não era um canonista e as suas preferências iam para os poetas e não para as leis canónicas. Mas estudara cronografia e recordava-se bem da acusação de homicídio ritual feita, há mais de 70 anos, aos judeus de Trento. Também ali fora encontrada uma criança morta no período da Páscoa e acusaram-se os judeus do homicídio. Detidos, confessaram e foram executados, excepto as mulheres que aceitaram o baptismo. Recordava-se ainda de que surgira uma questão entre o comissário pontifício, um bispo enviado por Roma para examinar os procedimentos postos em prática contra os judeus, e o bispo de Trento. Lera o opúsculo escrito contra o comissário pontifício por Bartolomeo Platina, um ilustre humanista, lembrava-se, o primeiro reitor da Biblioteca do Vaticano, de que ele próprio fora o director há não muitos anos. «Anos felizes», pensou, mergulhado em livros. Seria possível que um homem capaz de conviver com poetas e filósofos, com tanta racionalidade e elegância, fosse capaz de se deixar enganar de modo tão clamoroso? Com efeito, Platina parecia crer na veracidade da acusação, contrariamente ao comissário que sustentava que os judeus eram inocentes. No fim, recordou, Platina levara a melhor e o obscuro bispo fora exilado para longe. E lembrava-se ainda de ter lido um opúsculo escrito por um médico, um tal Mattia

Heréticos

Tiberino, outro ilustre humanista, conhecedor de textos antigos além dos de medicina, em que se narrava o suplício infligido pelos judeus ao menino, Simonio de seu nome, isso mesmo, Simonio de Trento. Mas Marcelo sabia que os papas seus antecessores, no século XIII, haviam condenado a acusação, reforçando nas suas bulas a inocência dos judeus. Devia encarregar imediatamente um canonista de encontrar os antecedentes jurídicos, de investigar os volumes do direito canónico. Mas bastaria referir os textos jurídicos? Em Espanha, e tinha conhecimento disso, verificaram-se casos deste tipo, o último pouco antes da famigerada expulsão dos judeus de 1492 que os papas nunca haviam aprovado verdadeiramente. Escapavam-lhe os termos exactos da questão, recordava apenas que se tratara de uma acusação que acontecera no momento certo, a ponto de dar uma justificação válida à expulsão dos judeus de Espanha. Mas em Roma nunca sucedera algo do género.

«E se tivessem sido eles os culpados?», interrogava-se. Não seria então seu dever expulsá-los do coração da cristandade? Como podia tolerar um facto do género, e precisamente em Roma, a um passo da sua residência? Dos judeus, Marcelo não tinha muita vontade de tratar. Interessavam-lhe outras coisas, embora soubesse que o partido reformador não era muito indulgente em relação à presença judaica no coração do mundo cristão, que muitos teriam preferido ver desaparecer a comunidade. Mas temia sobretudo as digressões: a reforma era urgente, inelidível. Reformar a Igreja devia ser, naquele momento, o primeiro dos seus objectivos. E a expulsão dos judeus de Roma, ou quando muito a redução da sua presença, não estava entre os pontos essenciais do seu projecto de reforma. «Os judeus podem esperar», disse para si.

Após ter saído dos aposentos pontifícios, Alessandro Farnese dirigira-se imediatamente para Campo Santo, acompanhado por um destacamento de guardas bem armados. A cidade estava

O menino crucificado

muito agitada, as estradas estavam cheias de gente que se apressava em direcção ao lugar do crime, e o cardeal teve de abrir caminho por entre a multidão. Ordenou aos guardas que impedissem, na medida do possível, o afluxo de pessoas, e entrou no pequeno cemitério. O menino devia ter três ou quatro anos, estava pregado a uma cruz rudimentar, nu e coberto de sangue e de feridas. Alessandro nunca acreditara na história de que os judeus celebravam a Páscoa matando uma criança cristã, mas sentiu um arrepio de medo e, por momentos, foi acometido pela dúvida. Sacudiu os ombros com impaciência e encaminhou-se em direcção à multidão. Havia um grande alvoroço, gritos e vozes, mas com a sua presença fez-se silêncio. Perguntou, sem muitas esperanças, se alguém conhecia o menino, se sabia quem era. Ninguém respondeu, mas inúmeras vozes se levantaram a acusar os judeus. A multidão parecia muito segura de si, não tinha dúvidas: era necessário desembaraçarem-se dos judeus, expulsá-los de uma vez por todas da cidade, agora que haviam mostrado a sua verdadeira face. Gritavam que era do conhecimento de todos o costume de os judeus massacrarem uma criança cristã. Diziam-no até os judeus convertidos, como Franceschi, outrora judeu e agora cristão, que não queria ter nada a ver com os seus antigos correligionários e dizia que sim, que eram eles os assassinos.

A multidão estava num estado de enorme excitação e alguns já gritavam que era preciso atacar as casas dos judeus, matá-los e saquear os seus bens. Era preciso fazer alguma coisa o mais depressa possível. Farnese ordenou aos esbirros que prendessem dois ou três dos populares mais encolerizados, e quando a calma pareceu restabelecida assegurou à multidão que os judeus seriam castigados, que o seu crime era intolerável. Mas o castigo deve partir do Santo Padre, continuou, só Sua Santidade podia decidir numa situação tão grave. Iria imediatamente contar ao papa o sucedido, assegurou. Entretanto, o cadáver do menino seria exposto em público de forma a que todos pudessem venerá-lo.

Enquanto a multidão se dispersava, seguindo a padiola com o cadáver, o cardeal ordenou que trouxessem à sua presença o neófito que havia atiçado a multidão. Era um homem mais perto dos cinquenta anos do que dos quarenta, de aspecto escanzelado e culto; o seu nome era Alessandro Franceschi, mas na qualidade de judeu chamava-se Chananel Graziadio e era de Foligno. Parecia-lhe conhecer vagamente o nome e pensou que fosse um dos três neófitos que haviam solicitado que os livros hebraicos fossem para a fogueira, dois anos antes, sob o pontificado de Júlio. Sim, agora recordava-se, era escriba da língua hebraica na Biblioteca do Vaticano e também estava ligado aos jesuítas e à casa dos Catecúmenos. Alessandro Farnese falou-lhe sem deferência. Não era particularmente amante dos judeus, embora tivesse contactos frequentes com eles, mas não suportava de todo os neófitos: o seu zelo na nova religião parecia-lhe vulgar, assim como as injúrias com que invectivavam a sua antiga identidade. Não obstante as suas estreitas relações com os jesuítas, sentia uma espécie de rejeição, mais estética do que ideológica, em relação ao seu fervor pela conversão dos judeus. Com desdém, censurou ao neófito o facto de ter mentido, de ter atiçado a multidão sabe-se lá para que fins, lucro, prestígio, desejo de se mostrar... Perguntou-lhe porquê. Recordou-lhe que estava em jogo a vida dos seus antigos correligionários, pessoas a quem ele estivera ligado por laços de sangue, de afecto e de amizade. O neófito olhou-o directamente nos olhos, quase a desafiar a sua autoridade: «Porque te admiras, cardeal? E porque estás tão seguro da inocência dos judeus, quando todos os outros, fiéis cristãos, parecem convencidos das minhas palavras? Tu não gostas dos judeus, tal como eu não gosto deles. Mas como podes enchê-los de injúrias e depois defendê-los tão facilmente?». «Este judeu não gosta mesmo de nós», pensou Farnese, «e no entanto aquilo que diz faz algum sentido.» Sem lhe retribuir o olhar, ordenou-lhe que se calasse, que não criasse mais agitações entre a populaça.

Ainda perturbado por aquele encontro, Farnese decidiu falar com os chefes da comunidade. Pensou convocá-los ao palácio Farnese, mas acabou por decidir que seria mais rápido ir directamente ao bairro judeu, onde a maior parte dos judeus romanos – já mais de 1500 – viviam. As ruas do bairro estavam em alvoroço, as sinagogas transbordavam de homens em oração, as mulheres na rua, insolitamente silenciosas, reuniam à sua volta as crianças à passagem do cardeal e da sua escolta de soldados. Contrariamente ao habitual, não se viam cristãos no bairro, como se um muro de repente se tivesse erguido entre dois mundos. Farnese dirigiu-se sem hesitações à Escola principal, que os judeus chamavam Escola Templo, e mandou avisar os representantes da sua presença. Com efeito, os três representantes, rodeados pelo Conselho, estavam reunidos para procurar encontrar uma saída para aquela situação. Para eles, era uma situação nova: a comunidade romana nunca conhecera acusações de tal espécie. A única saída possível parecia a tradicional: dirigirem-se ao pontífice, afirmar a sua inocência, pedir a sua protecção. Contudo, os tempos tinham mudado, e os judeus davam-se conta disso, ainda que obscuramente. Não lhes eram completamente desconhecidas as vozes que sustentavam que era tempo, mesmo em Roma, de seguir o exemplo dos reis espanhóis, de expulsar os judeus do Estado Eclesiástico. Os velhos diziam que não era novidade, que se tratava de ameaças antigas, sempre repetidas e nunca postas em prática. «Procuram extorquir dinheiro à comunidade, aumentar o peso dos impostos que devemos pagar», diziam, «mas não nos tirarão daqui. Não estaremos talvez entre os mais antigos habitantes da cidade?» Mas os mais jovens sentiam no ar uma mudança. Eram mudanças mais gerais, que diziam respeito apenas indirectamente aos judeus. Mas se o mundo cristão estava a mudar à sua volta, como poderia o seu comportamento em relação aos judeus permanecer igual? Apenas dois anos antes, não haviam visto queimar o Talmude na piazza Campo de' Fiori? Desde então, ninguém mais o pôde ler, nem possuir um exemplar. Também esta era uma novidade, mas fora definitiva e ninguém, muito menos o novo pontífice, pensara em voltar atrás e devolver aos judeus os seus livros.

Com estes pensamentos na alma, os representantes encontraram-se com o cardeal. Este tranquilizou-os, mas explicou também que a situação não era fácil. A protecção do pontífice não era suficiente, era preciso que se demonstrasse a sua inocência. Era preciso descobrir quem era a criança, acrescentou. Mandaria publicar imediatamente um aviso. Talvez não fosse inútil prometer uma recompensa no aviso, de cinquenta ou cem escudos, para quem o reconhecesse ou desse informações sobre ele. A comunidade não iria decerto recuar, prometeram os representantes. Enquanto o cardeal se afastava, satisfeito com as boas relações que mantinha com a comunidade, o Conselho decidiu proclamar um dia de jejum e oração.

No dia seguinte, ao amanhecer, o cadáver da criança crucificada foi exposto em público. Desfilavam os Romanos, homens, mulheres, velhos e crianças, diante do morto, prontos a reconhecer-lhe a santidade. Contudo, e isso parecia muito estranho, ninguém o havia ainda identificado, ninguém lhe havia dado um nome. Por fim, um médico dirigiu-se aos esbirros: «Reconheço-o», disse, «é filho de um espanhol. Vereis uma cicatriz na sua cabeça. Tratei há poucos dias do pai dele». A partir daquele momento, tudo se desenrolou com grande rapidez. Em casa da criança foram encontrados dois espanhóis, um homem e a sua amante, uma cortesã. O pai da criança morrera de doença, e ao morrer havia entregue o filho a um amigo, mas este matara-o a fim de se apoderar dos seus bens. Os pregos, o cru-

O menino crucificado

cificação, as feridas nas costas, eram formas para enganar os juízes e fazer recair a culpa sobre os judeus. Era um crime cometido para se apoderarem do dinheiro, confessou a mulher. Mas o homem quis enobrecê-lo: «Fi-lo», declarou, «por ódio aos judeus e à sua raça de infiéis. Esperava que, se o crime lhes fosse atribuído, os destruíssem até ao último». Mas a sua motivação não pareceu muito convincente aos juízes, em todo o caso não tanto como aquele montinho de escudos de ouro que pertencia à criança e que fora encontrado na casa dos dois assassinos.

Quando o Papa Marcelo morreu inesperadamente, poucos dias depois, as suas dúvidas foram dissipadas e reconhecera-se a inocência da comunidade. Os assassinos estavam ainda na prisão, e o próprio Alessandro Farnese acelerou a sua condenação e a sua execução pública, para evitar que, após o conclave, o novo papa os indultasse, como era costume. Era melhor resolver este caso o mais brevemente possível, evitar sequelas. A comunidade proclamou um dia de festividades em agradecimento do perigo evitado, um Purim de libertação: tal como na história de Ester, em que se celebra um Purim(*), os judeus escaparam à destruição. No conclave que se seguiu, foi eleito papa o cardeal Carafa, muito hostil ao partido espanhol. Estávamos em Maio de 1555. Não se voltaria a falar em expulsar os judeus de Roma, no entanto, em Julho desse mesmo ano, entre os seus primeiros actos, o novo pontífice promulgaria a bula que encerrava todos os judeus romanos no bairro a eles reservado, o gueto.

(*) O Purim é uma das celebrações mais antigas dos hebreus e celebra a libertação da Pérsia e das perseguições de Amã, um governante cruel ao serviço de Jerjes I. Tudo isto é relatado no Livro de Ester (devido à intervenção da rainha judia Ester, que consegue interceder junto do rei e frustrar os planos de Amã). Nesta festa, a 14 de Adar (que normalmente corresponde ao mês de Fevereiro), a comunidade judaica comemora com banquetes, ofertas de presentes a vizinhos e amigos e com a leitura do Livro de Ester (*N. R.*)

A ampola dos espíritos

∞

VI

A ampola dos espíritos

A notícia havia-se espalhado rapidamente pela cidade: o decano dos capelões pontifícios, um tal Gabriele Pianer, fora surpreendido enquanto, juntamente com um judeu, estava ocupado a recitar feitiços em frente de uma ampola que continha espíritos. Objectivo do feitiço: prever a data da morte do papa. A ampola era pequena, dizia-se, pouco mais de um dedo de comprimento, e estava cheia de algo negro, indistinto: precisamente os espíritos familiares. Os dois foram presos imediatamente e confessaram, sem dificuldades, o seu crime. Dizia-se que Pio V tivera um terrível ataque de ira e que havia ameaçado com castigos muito duros. Os judeus estavam preocupados e temiam que a justiça de Pio V se abatesse duramente sobre toda a comunidade. As ruas do gueto haviam perdido a sua atmosfera animada, as mulheres apertavam as crianças contra si, os homens reuniam-se nas escolas a discutir e a orar. Afinal, o que terá acontecido?, perguntavam-se os Romanos. Os vaticínios da morte do papa eram uma prática frequente em Roma, destinada a dar azo a apostas e ao falatório nas tabernas. Mas aquele papa, que queria transformar a cidade in-

Heréticos

teira num convento, não deixaria com certeza andar as coisas como os seus antecessores. Havia o risco de uma posterior reviravolta. O papa ainda mal acabara de ser coroado e, para consternação geral, já tinha em mira prostitutas e cortesãs, procurando, por todas as maneiras, bani-las da cidade. Obrigara muitas ao exílio e desterrara outras para as ruas estreitas e malsãs junto do porto de Ripetta, onde pensava até enclausurá-las com muros e portas, à imagem do bairro fechado dos judeus. Entretanto obrigava-as a ir à igreja todos os domingos à tarde para ouvir um pregador que clamava contra a imoralidade das suas vidas. E agora, como se comportaria o papa perante este escândalo, um capelão mancomunado com um judeu, um frasco cheio de demónios, ele, o grande inquisidor? Porque Pio V, o cardeal Ghislieri, era sobretudo um inquisidor e apesar de ter ascendido ao trono pontifício nunca deixara de se considerar tal. Todas as suas atenções se viravam para o seu dilecto Tribunal do Santo Ofício, pelo que estava a construir exactamente um novo e majestoso edifício na Cidade Leonina, visto que o povo havia destruído a antiga sede do tribunal após a morte de Paulo IV. A construção do Santo Ofício tinha prioridade absoluta, ao ponto de o papa mandar deslocar operários que trabalhavam na construção de São Pedro, parando por completo os trabalhos na basílica. Em suma, em Roma todos estavam, por um motivo ou por outro, inquietos e preocupados. Havia tudo para alimentar as mexeriquices de toda a cidade e tirá-la por um pouco do torpor em que havia caído no quente início do Verão de 1568.

Foi no convento dominicano de Santa Sabina, na colina de Aventino, que Pio V recebeu, poucos dias depois destes eventos, o jovem teólogo espanhol Francisco Peña, chegado à cúria há pouco, onde fora nomeado referendário. O pontífice preferia de longe o silêncio e a concentração nos dois conventos dominicanos de Roma, o de Santa Sabina e o de Santa Maria

A ampola dos espíritos

sopra Minerva, à oficialidade sumptuosa dos palácios pontifícios, apesar de raramente aí conseguir passar muitos dias. Mas nesse momento, sentia a necessidade de reflectir e de procurar conselhos sem alarido, com discrição. Os dois homens sentavam-se no claustro, num canto resguardado do sol e longe da passagem dos frades. Pio V tinha então 64 anos, e estava no trono pontifício há dois anos, desde 1566. Era magro e macilento, de cabeça calva marcada por um nariz aquilino e por uma barba branca que parecia apontar para o alto, contrastando com o nariz. Nos seus olhos, de um azul intenso, a luz da inteligência às vezes enrijecia-se numa espécie de imobilidade.

 O seu interlocutor era jovem, ainda não chegara aos 30 anos, e parecia encantado com a honra que o pontífice lhe dava ao consultá-lo. Era um canonista de valor e os seus estudos em matéria de procedimento inquisitorial eram considerados bastante promissores, tanto em Madrid como em Itália. Não obstante a jovem idade, algo nos seus modos pacatos o fazia parecer mais maduro, num certo sentido mais moderado e realista do que o velho papa. Tinha naturalmente ouvido falar muito do caso que perturbava o pontífice, ainda que não tivesse aprovado a condenação que o papa havia querido infligir ao capelão, a fustigação pública: era um homem idoso e muitos cardeais haviam tentado interceder a seu favor, mas o papa mostrara-se inflexível, como sempre. Peña, obviamente, abstinha-se de manifestar ao papa este seu desacordo. Não conseguia perceber, contudo, onde o pontífice queria chegar, qual era a causa específica da sua perturbação. O caso parecia-lhe, com a condenação declarada, absolutamente encerrado.

 Só quando Pio V começou a falar é que Peña se deu conta de que o caso era sério. Se o capelão fosse castigado, disse-lhe o papa, os judeus continuariam tranquilos a praticar artes mágicas. Sim, claro, aquele judeu seria severamente castigado. Mas não havia uma culpa colectiva que ia para além da responsabilidade individual daquele judeu em particular, estendendo-se a todos os judeus? Era esta a dúvida que o perturbava, que queria resolver. As consequências seriam graves: tratava-se de expulsar os judeus de Roma, do coração do cristianismo, sob a acusação de terem quebrado, praticando as artes mágicas, o pacto que os ligava ao mundo cristão. Como grande inquisidor, Pio V passara longos anos a analisar os textos, a estudar a fundo as questões de procedimento. Mas ocupara-se pouco de judeus, e de bruxas ainda muito menos, uma vez que a sua atenção se centrava na heresia dos «luteranos». Mesmo nos anos em que fora inquisidor em Bergamo e em Como não havia processado bruxas. Mas eram terras de processos, onde todos recordavam as fogueiras de bruxas que se haviam feito nos anos vinte desse século. O suficiente para despertar a sua atenção para bruxas e magia, admitindo que tal tivesse sido necessário: filho de camponeses de Piemonte, Ghislieri assimilara do seu mundo de origem uma firme crença no poder do diabo que o cepticismo velado dos meios intelectuais e curiais não fora suficiente para abalar.

Peña, pelo contrário, dedicara uma grande atenção a estes temas, e o papa não o ignorava. Os manuais de inquisição dos séculos anteriores, cheios de referências às bruxas e à magia, eram o seu pão de cada dia. Ora, como todos sabiam, os judeus desde sempre tiveram fama de ser especialistas em magia. Em que se baseava esta fama?, perguntava-se o papa. Tratava-se de um boato sem fundamento, ou existia realmente uma relação íntima de familiaridade e afinidade entre os judeus e o diabo? E se efectivamente assim era, por que motivo os inquisidores do passado não escreveram claramente nos seus manuais que os judeus eram todos bruxos? Por que razão uma acusação de tal gravidade não decretara a expulsão dos judeus de todo o mundo cristão?

Ao colocar estas perguntas ao jovem jurista, a voz do papa levantara-se inadvertidamente, tornando-se mais aguda e premente. Peña abordou, para começar, o problema sob um posto de vista estritamente técnico.

Os textos jurídicos eram muito cautos sobre este problema da conexão dos judeus com as práticas de magia. O ilustre inquisidor Bernardo Gui, por exemplo, nas primeiras décadas do século XIV, não fazia de todo menção à acusação de magia entre as acusações que podiam consentir à Inquisição exercer o seu poder sobre os judeus. Um poder a que teoricamente, como o papa bem sabia, enquanto pertencentes a uma religião lícita e não sendo hereges, os judeus não poderiam ser submetidos. É verdade que, em 1376, o inquisidor aragonês Nicolás Eymerich considerara «hereges» os judeus que invocavam os demónios e, nessa medida, submetera-os à jurisdição inquisitorial. Mas uma coisa, distinguiu de imediato Peña, era submeter à inquisição os judeus culpados de artes mágicas e de feitiçarias, outra coisa era considerar que os judeus tinham naturalmente tendência para usar as artes mágicas, todos feiticeiros e feiticeiras, em suma, como se dizia entre o vulgo. Esta era uma fábula, acrescentou, uma crença absolutamente infundada que roçava a superstição. Sim, claro, todos sabiam que Roma estava cheia de judeus que preparavam poções amorosas e previam o destino. Mas o mesmo se podia dizer de tantas mulheres cristãs. Tanto quanto sabia, ainda que não fosse especialista na matéria, a lei hebraica não considerava lícita a prática da magia, pelo contrário, impugnava-a com igual rigor ao da lei cristã, sendo ainda mais rígida do que esta no que toca à adivinhação. Que depois os adivinhos judeus fossem particularmente famosos pelas suas capacidades, como demostrava o caso daquela ampola dos espíritos, era outra questão completamente diferente. Mas a ligação entre judeus e magia, na sua opinião, era pontual, não tinha nada de necessário.

O papa escutava atento, com o queixo levantado ainda mais do que o habitual, as feições encovadas pela atenção. Mas o que

Heréticos

dizer, insistiu, daquela mulher judia processada em Aragão por ter espetado alfinetes na imagem de cera do marido que a abandonara, ou daquele judeu processado em Barcelona, em 1371, por ter invocado o diabo, ambos os casos referidos justamente por Eymerich? Casos individuais, esporádicos, retorquiu Peña, encolhendo os ombros, tendo-se esquecido por um momento de que estava a falar com o papa. Se olhasse para o passado da história da Igreja e dos seus tribunais, explicou, parecia-lhe que houvera apenas uma séria tentativa de envolver os judeus na luta contra a magia e a feitiçaria, e remontava à época do papado de Avinhão. Famoso permanecera o processo movido por João XXII ao bispo de Cahors, acusado de ter tentado matar o papa através de feitiçarias feitas em imagens de cera, preparadas para ele exactamente por um judeu. E, no início do século XV, Alexandre V investira o inquisidor franciscano Ponce Fougeyron da função de inquirir judeus e cristãos acusados de cometer sacrilégios, fazer adivinhações e todos os actos de magia possíveis. Mas os papas franceses, sobretudo João XXII, eram obcecados pela magia. Na realidade, porém, se houve processos de judeus acusados de magia, foram poucos e limitados. Daí resultava, concluiu Peña, que a Inquisição, ainda admitindo que tivesse querido unir de modo confuso bruxas e judeus, não o conseguira fazer. E se João XXII expulsara os judeus, como efectivamente fizera em 1322, tratara-se de uma expulsão temporária, que dizia respeito apenas à zona de Avinhão e não a todo o Estado da Igreja. Além disso, o que a provocou não foram as acusações de magia mas sim, provavelmente, a cumplicidade dos judeus com os leprosos na «cabala», como era definida, contra o rei de França.

«Os tempos são outros», disse o papa, «e agora muitas são as vozes que no seio da Igreja se levantam a favor da expulsão geral dos judeus das terras do cristianismo.» Parecia-lhe estranho, acrescentou, que fosse precisamente um espanhol, servidor dessa monarquia que há mais de sessenta anos expulsara definitivamente os judeus, a sustentar a presença judaica.

Contudo, o jovem jurista não se deixou intimidar muito por isso. Não queria defender a necessidade da presença judaica, mas apenas alertar o pontífice para as dificuldades que implicaria uma operação como aquela que, se bem interpretava as suas palavras, Pio V tinha em mente. Além do mais, envolver os judeus na luta contra a magia queria dizer inventar uma nova linguagem jurídica, novos procedimentos. As fórmulas para o juramento, por exemplo, ou as de abjuração, aplicavam-se apenas aos cristãos. O papa escutava com atenção crescente estes argumentos requintadamente técnicos. Para isso existe remédio, afirmou. Por que não criar uma fórmula especial de juramento que permitisse aos judeus abjurar a invocação dos demónios sem recorrer à fórmula cristã, visto que esta era inutilizável? O doutor Peña poderia muito bem encarregar-se dessa tarefa. Mesmo com estas modificações de procedimento, instou o jurista espanhol, existia um risco mais geral. Uma batalha que ligasse estritamente a magia aos judeus não arriscaria a relegar para segundo plano exactamente aquilo que era mais querido ao papa, isto é, o povo cristão? Preocupava-o o alastramento destas práticas supersticiosas, o uso impróprio, com fins mágicos, dos símbolos do sagrado e das orações. O caso do capelão inscrevia-se, a seu ver, nesta esfera, era indicador de um uso impróprio das práticas cristãs (quantos padres e sacerdotes se dedicavam a práticas desse género!), sinal de uma insuficiente purificação de práticas e crenças. O judeu desempenhava apenas um papel marginal e, em certo sentido, o de diabo. Era necessário intervir nestas formas comuns de superstição. Mas como não se podia queimar na fogueira metade dos cristãos, era necessário levá-los para a recta fé, doutriná-los e controlá--los de perto. A Inquisição espanhola estava já a organizar-se para esta acção, mais de ensino do que de repressão. No seu íntimo, Peña desejava que também Roma tomasse as mesmas precauções numa matéria tão delicada e incontrolável. Mas não estava certo de que fosse chegada a hora para tal viragem, não sob um pontífice como Pio V que gostava do espectáculo dos autos-de-fé e que tinha uma grande confiança no efeito das penas capitais.

O papa escutava atento, porém pouco convencido. A sua imaginação estava impressionada com os espíritos presentes na ampola, e não conseguia encarar com tanta leviandade a presença do demónio. Além disso, a ideia de os judeus terem particulares responsabilidades neste alastramento da magia não lhe desagradava de todo. Os dois inquisidores falavam duas linguagens diferentes. O futuro pertencia apenas a Peña, forte na sua juventude e nas suas ideias inovadoras. Mas a herança do velho pontífice, o rigor da sua repressão, a tendência para perceber em toda a parte o cheiro a heresia, teria deixado marca na política do papado.

Apesar da dureza da sua justiça, o papa não conseguiu pôr travão às práticas de magia. Em Julho de 1569, outro judeu foi encarcerado por ter vaticinado a morte do papa servindo-se, como no caso de Pianer, de uma «bolha dos espíritos». Em Agosto, cinco velhas feiticeiras, nenhuma delas judia, foram fustigadas em público. Em Dezembro do mesmo ano, uma adivinha cristã foi presa por ter vaticinado que o papa morreria antes do Natal. Ainda em 1630, Orazio Morandi, o mais famoso astrólogo da sua época, seria preso por ter feito o horóscopo de Urbano VIII e previsto a sua morte iminente. Quem morreu, no entanto, foi o astrólogo, envenenado na cela.

Não obstante a sua propensão para envolvê-los em acusações de magia, Pio V não expulsou os judeus de Roma. Expulsou-os, porém, eliminando dezenas de pequenas e extremamente pequenas comunidades, do resto do Estado da Igreja, excepto em Ancona e Avinhão, com uma bula de Fevereiro de 1569, na

A ampola dos espíritos

qual a expulsão se devia às práticas de magia a que os judeus se teriam dedicado: «O pior dos seus crimes é que se dedicam a sortilégios, feitiçarias, superstições mágicas e malefícios e atraem para Satanás muitas pessoas fracas e incautas». Depois dele, também outros pontífices retomaram a acusação de magia contra os judeus.

O palácio do Santo Ofício foi concluído com grande rapidez em 1569 e Pio V conseguiu inaugurá-lo e apor as suas armas a tempo.

Quanto a Francisco Peña, a sua fama permanece entregue às suas obras de procedimento inquisitorial, campo em que escreveu directamente e em que se ocupou sobretudo, encarregado pela Congregação da Inquisição, a organizar e comentar um grande número de tratados inquisitoriais da Idade Média tardia. Entre os quais, o *Directorium Inquisitorium* de Eymerich, que se tornou com esta sua revisão o texto de certo modo oficial da Inquisição romana. Muito ligado à corte espanhola, de tal modo que foi considerado uma espécie de representante não oficial de Filipe II na corte romana, foi também um curialista fervoroso, pronto a defender com afinco a supremacia do pontífice sobre os soberanos laicos. Todavia, era um moderado e estava entre aqueles que defenderam a viragem que levaria, cerca de 1620, a Inquisição romana a agir com a máxima cautela nos processos contra as bruxas e a pôr fim aos processos e às fogueiras. Em simultâneo, a Inquisição aumentou a sua atenção em relação às práticas de magia e superstição. Mas o facto de se tender a substituir as fogueiras por uma vasta e minuciosa obra de doutrinação dos fiéis contribuiu para relegar para segundo plano a imagem do diabo e diminuir o seu papel e importância.

Em viagem para o suplício

∞

VII

Em viagem para o suplício

Era uma fria manhã de Inverno quando se realizou a execução, sábado 9 de Fevereiro. Os consoladores da companhia de San Giovanni Decollato, que acompanhavam os condenados, sentiam ter feito um bom trabalho, ter levado a cabo da melhor maneira a sua tarefa. Todos se confessaram, tomaram os confortos religiosos, morriam em paz. O velho era um herege, da nova heresia dos judaizantes, tão comum no reino napolitano. Tal como as quatro mulheres, ainda que não faltasse quem pensasse que eram bruxas, talvez apenas porque eram mulheres. Mas de resto, não se sabia que todos os judeus eram bruxos, que os judeus estavam familiarizados com os demónios e com as magias? Não os teria o Papa Pio V restringido, ainda mais do que o Papa Carafa, no recinto dos judeus justamente para os castigar pelas suas artes mágicas?

Os cinco condenados foram enforcados na ponte de Sant'Angelo, primeiro as mulheres, depois o velho. Em seguida, os seus corpos foram queimados. Entre a multidão, assistia à execução um humilde barqueiro, Antonio di Leo, que havia transportado os condenados de Nápoles a Roma. No palco das

Heréticos

autoridades, o vigário Pietro Dusina, que os condenara. Havia muita excitação na cidade, pois há muito tempo que não se executava um tão grande número de pessoas, logo cinco de uma vez. As mulheres, diziam os Romanos, eram todas da mesma família, espanholas que tinham vivido como cristãs em Nápoles. Uma delas, muito jovem, caminhava com graça em direcção ao patíbulo ao lado de uma mulher mais velha, talvez a sua mãe, apoiando-a, diligente, no seu braço. Agora não passavam de ossos e cinzas. A multidão dispersou-se, satisfeita.

Dianora

«Senhora Dianora, senhora Dianora», chamou a criada com voz excitada, pedindo-lhe que descesse dos seus aposentos, «estão aqui guardas, querem falar com vossa senhoria, querem revistar a casa». A mulher sentiu um arrepio percorrer-lhe a espinha. Esperava por aquela visita desde que haviam começado na cidade numerosas detenções entre pessoas de todas as classes: nobres, ricos, pobres, espanhóis ou napolitanos. E, para mais, no dia anterior, também a família inteira da sua prima Gerolama fora detida pelos esbirros do arcebispo. Isabella, sua filha, foi logo para ao pé dela. Haviam-se preparado cuidadosamente, mas agora, perante a concretização do perigo, sentiam-se indefesas, expostas. Apoiada no braço da filha, Dianora desceu a escadaria da sua casa. Os guardas eram amáveis mas impenetráveis, e revistaram por toda a parte antes de os levar embora – Dianora, Isabella e o rapaz mais novo, ainda criança. O seu marido estava longe, com os dois filhos mais velhos. Era uma sorte que tivessem escapado à detenção, ainda que sofresse com o pensamento de nunca mais os rever. Não era a primeira vez que caía na acusação de ter ficado fiel à religião dos seus pais, à «lei de Moisés». Isso queria dizer que, embora se tivesse arrependido, poderia ser condenada à fogueira como herege relapsa.

Em viagem para o suplício

Mas como fazer para convencer os seus acusadores de que, nos últimos cinco anos desde que haviam abjurado os erros do passado, ela e Isabella sempre se comportaram como boas cristãs? Iam à missa todos os domingos, confessavam-se regularmente, não observavam nenhuma das rígidas proibições alimentares, comiam porco e coziam a carne em leite e manteiga. Até acendiam o fogo ao sábado, e cozinhavam, como se não fosse feriado consagrado ao Senhor. E agora todo estes actos de idolatria, estes pecados, não serviriam sequer para lhes salvar a vida, a ela e a Isabella, porque o pequeno, que nunca fora processado por ser muito novo aquando do primeiro processo, poderia talvez abjurar e salvar-se, pelo menos até à próxima repressão da Inquisição. Perguntou-se se teriam cometido alguma imprudência, se houvera alguma delação, alguma acusação de malquerentes. Mas não, desta feita tratava-se de uma verdadeira caça aos descendentes dos judeus que haviam encontrado refúgio no Reino de Nápoles e que mais tarde se converteram quando passou para o domínio espanhol.

Os seus pais haviam chegado a Nápoles, vindos de Espanha, em 1492, ainda publicamente judeus, e aí encontraram refúgio. A sua mãe fizera parte das damas da ilustre Benvenida Abrabanel. E a sua família convertera-se quando o novo soberano não deixara aos judeus senão a escolha entre o baptismo e um novo e ainda mais duro exílio. Lembrava-se bem da passagem na pia baptismal, era pequena, tinha apenas cinco anos, mas a sua mãe chorava baixinho e o seu pai baixava a cabeça, sem ousar levantar os olhos e olhar os outros nos olhos. Mas depois a vida correra de modo bastante sereno. Dianora casara com um primo seu, obtendo, não sabendo bem como, a dispensa eclesiástica. Recordou-se do seu casamento, à entrada da igreja, da missa e da comunhão, mas, após o banquete público, uma segunda cerimónia, escondida, em presença apenas da família, com a benção hebraica sobre a sua cabeça e a do seu marido. Os filhos, as viagens do marido, um mercador rico, o bem-estar, uma ligação à «lei de Moisés», cada vez mais lábil, entregue aos sabores da comida, aos contactos com outros conversos, aos relatos de viagens e de Inquisições. Será que aquele sentir-se de algum modo ainda judia, não obstante a água do baptismo, fazia dela verdadeiramente uma herege, uma apóstata? Fosse como fosse, assim tinha sido considerada, quando cinco anos antes toda a sua família fora processada como culpada de «heresia judaizante». Não conseguiram provar grande coisa, apenas os contactos muito intensos com outras famílias de conversos e aquele livro de orações, o *siddur* que pertencera à sua mãe, esquecido no fundo de uma caixa. Mas todos haviam abjurado, excepto António, então uma criança de apenas seis anos. Mas ele também tivera de responder a muitas perguntas. Isabella tivera igualmente de renegar os seus erros, ela que tinha apenas doze anos e que, à época, da lei de Moisés sabia tão pouco... Desde então, estiveram todos muito atentos a comportar-se conforme todas as regras da religião cristã. Por prudência, recusaram dar a mão de Isabella ao filho da sua prima Gerolama, aliás um óptimo partido, a quem a rapariga parecia muito afeiçoada. E Isabella preocupara-a sempre, após aquela abjuração tornara-se áspera, dura como o cristal. Sentia-se judia e não queria aceitar nenhum compromisso. Nunca por nunca, dissera, casaria com um «velho cristão». Ajudara-a o quanto pudera, mas parecia que queria sempre cada vez mais, que tinha como alvo exactamente aquele desfecho, a prisão, o martírio. E agora, interrogou-se, o que aconteceria? Quantos ainda seriam presos entre os seus amigos, entre os descendentes dos judeus espanhóis? E porquê esta autêntica perseguição que atingia famílias inteiras, pessoas de respeito, poderosas?

Em viagem para o suplício

Gerolama

No palácio do arcebispo, Gerolama Pelegrina Guanziana estava em pé diante do tribunal que a devia julgar. Fora presa juntamente com toda a sua família, inclusive a sua irmã Dianora, que era um pouco tresloucada, pobrezinha, e que vivia com ela desde que o seu marido partira para uma viagem no império dos Turcos e nunca mais regressara à pátria. Esperava que pelo menos a sua prima Dianora conseguisse escapar à prisão, sempre foram muito próximas, como autênticas irmãs, e haviam esperado unir, pelo matrimónio, o seu filho com a jovem Isabella. O esbirro que lhe apertava o braço deu-lhe uma sacudidela para a acordar das suas fantasias. Haviam-lhe perguntado algo, o quê? Humildemente, mas não sem dignidade, pediu ao juiz que repetisse a pergunta, alegando como desculpa a sua confusão. Quatro pares de olhos perscrutavam-na. O de categoria mais elevada – reconhecia-o porque se sentava no centro em posição mais elevada – era o arcebispo. A seu lado, sentava-se um homem de rosto sombrio, haviam-lhe dito que era o vigário Pietro Dusina, o homem enviado a Nápoles pelo papa inquisidor. Era ele que geria os processos, que decidiria a sorte deles. E era exactamente o vigário que os estava a interrogar, com voz neutra e quase simpática, em contraste com o seu rosto toldado, com as notícias da sua vida, com os seus hábitos. «Nascestes Cristã?» perguntou-lhe, como se não soubesse bem que fora baptizada assim que nasceu em Nápoles, onde os seus pais chegaram vindos de Valência, em 1511, já cristãos. Contrariamente à família dos seus tios, emigrados na época da grande expulsão, os seus antepassados escolheram o baptismo, converteram-se na Catalunha, decididos a entrar no mundo dos cristãos, a renunciar a uma religião que os expunha a riscos excessivos. Mas depois, o mundo que os rodeava fechara-se perante eles, os conversos. O seu pai não fora aceite na Universidade de

Heréticos

Salamanca, porque o seu sangue não era o dos cristãos-velhos, e a Inquisição espanhola havia-o acusado, ainda que tivesse renunciado completamente à antiga lei. A situação tornara-se difícil quando o seu pai decidira, em obséquio à vontade das suas famílias, casar com a sua mãe, também ela de uma família de cristãos-novos. Entre as ameaças da Inquisição e as limitações sociais impostas pelas leis de *limpieza de sangre*, os seus pais haviam então decidido emigrar, como cristãos obviamente, e escolheram Nápoles, tão perto, cheia de parentes e de apoios. E ali fora baptizada ao nascer e crescera muito perto da sua prima Dianora, após esta ter sido baptizada em criança. Juntas haviam fantasiado a Espanha, o mundo dos seus pais, da religião de Moisés. Uma vez casada, renunciara a estes sonhos. O seu marido, também ele um cristão-novo, estava decidido a livrar-se de todas as suspeitas de judaizar, e as suas fantasias hebraicas ficaram limitadas à sua convivência com a prima Dianora. Para Gerolama, eram pouco mais do que jogos da memória, nostalgias. Mas às vezes tinha a impressão de que Dianora e Isabella partilhavam um espaço secreto do qual, ela, com todas as suas nostalgias pela lei de Moisés, permanecia excluída. E agora tremia por elas mais do que por si própria. Quanto à sua irmã, esperava que os juízes compreendessem que não deviam confiar nela, que tudo quanto dizia era fruto da imaginação, que vivia num mundo dela, pobrezinha.

Pietro Dusina

Estávamos a 3 de Julho de 1571 e fazia um calor sufocante no arcebispado, quando, após o processo concluído, as inquiridas, todas elas mulheres catalãs e algumas de respeito, abjuraram solenemente o seu pecado. Eram acusadas de judaizar e algumas eram acusadas ainda de ter traduzido para espanhol livros hebraicos. O vigário papal estava satisfeito. Nenhum dos inqui-

Em viagem para o suplício

ridos se recusara a abjurar, todos haviam baixado a cabeça perante a Igreja e o seu poder. Agora tratava-se de decidir o que fazer deles. Pietro Dusina, que sob o modesto título de vigário do arcebispo representava na realidade a Inquisição romana no reino, era um homem do papa Ghislieri, e não tinha dúvidas sobre o que fazer. Quatro mulheres das que abjuraram solenemente nessa manhã estavam a repetir a abjuração pela segunda vez. Eram hereges relapsas e a abjuração não bastava para lhes salvar a vida, mas apenas para lhes salvar a alma e para as reconciliar com o Senhor. Declarou a sentença que as entregava à corte secular, a condenação à morte que a Igreja, na sua infinita misericórdia, não podia executar e que confiava portanto aos poderes do Estado. O arcebispo estivera mais inclinado para a clemência e fora difícil impor a entrega das quatro mulheres ao braço secular. Eram pessoas distintas, dissera o arcebispo, e além disso as provas contra elas eram muito vagas. Mas o vigário refugiara-se por detrás da vontade expressa do pontífice. Era preciso dar um exemplo de rigor, dissera. Quanto mais alto se atingia, mais edificante seria o exemplo. O arcebispo não se deixara convencer facilmente: quatro mulheres, sozinhas, sem maridos nem filhos com quem partilhar a fogueira, não daria a impressão de haver maior propensão à heresia, maior apego à lei antiga entre as mulheres? E se assim fosse?, retorquira o vigário. As mulheres, sabia-se, eram fracas de coração e de mente, mais afeiçoadas aos erros da sua fé do que os homens. Muitas eram as mulheres entre os hereges judaizantes, sabia-se, e não era uma boa razão para diminuir o rigor. O arcebispo tivera de se conformar, mas pedira que as execuções fossem adiadas, com medo de agitações e desacatos na diocese. Não queria execuções públicas naquele momento, afirmava, sem sequer a presença do vice-rei. Decidiria o novo vice-rei, Granvelle, aguardado a qualquer momento. Dusina estava preocupado com este adiamento, preferiria que as execuções fossem realizadas de imediato, publicamente, em Nápoles. Temia que a sentença perdesse todo o significado, talvez acabando por mandar as condenadas para Roma. Suspirou ao pensar em todas as aflições que aqueles napolitanos lhe estavam a arranjar.

Isabella

Isabella escutou a leitura da sentença com as costas direitas, em pé. Um prazer subtil invadiu-a. Estavam condenadas à morte, pagariam com a morte aquele pecado que lhe pesava no coração, a abjuração. Queria morrer como judia e que a sua mãe escolhesse também uma morte sem dissimulações. E hesitara muito, antes de aceitar a abjuração. Escutara as palavras de abjuração da sua mãe, atormentando-se, e depois havia pronunciado as mesmas palavras, com a morte no coração. Discutiram isso até à exaustão no decorrer do processo: se não tivessem abjurado, toda a família seria vista como judaizante, e até o pequeno António arriscar-se-ia a acabar na fogueira. No fim, convencera-se, perante o argumento de que se tratava apenas de palavras, de que o que contava era o seu sentimento. Que morriam para santificar o Nome, não obstante aquela abjuração dissimulada. Mas não estava completamente convencida. Temera que a abjuração salvasse as suas vidas e que teriam de continuar a viver com aquele peso, fingindo-se ainda cristãs, no meio daqueles actos de idolatria contínuos. A primeira abjuração, cinco anos antes, ao invés de a assustar, havia-a levado ao caminho de um judaísmo cada vez mais consciente.

Desde então, apesar de terem multiplicado exteriormente a ortodoxia católica, dentro de si sentira-se judia. Atormentara a sua mãe, exigira-lhe as recordações infantis, espremera-a até que lhe viessem à lembrança as orações em hebraico, as datas das festas, os rituais. Criara uma cumplicidade entre as duas, mãe e filha, que ninguém da família partilhava. E no entanto, não

Em viagem para o suplício

estava muito segura da sua mãe. Sabia que tudo fora feito por amor a ela, Isabella, e não por amor ao Senhor. Fosse como fosse, agora tudo estava decidido. Tinham diante de si o caminho do martírio e esperava que o Senhor, na sua grandeza, não levasse em conta o seu pecado de cobardia.

Antonio di Leo

O dono do barco, Antonio di Leo, não estava de todo contente com esta tarefa. Exigira uma dupla recompensa por essa viagem de Nápoles a Roma, mas não contava muito com isso; Roma iria passar a batata quente para Nápoles e os beleguins da Inquisição para os do arcebispo. Levar cinco condenadas para executar em Roma, nunca antes lhe sucedera algo do género. E, para mais, que condenados... não eram bandidos ou degoladores, mas sim quatro mulheres de boa família, que sabiam ler e escrever e lhe agradeciam quando lhes levava de beber e comer, e uma, a mais nova, tão bonita. E juntou-se aquele velho no último momento quando o barco estava a levantar ferro, aquele Domenico Xenia que vinha da Sicília, de Marsala, um pobre como ele – falaram um com o outro e às vezes, quando os esbirros fechavam um olho, jogaram aos dados. Todos hereges, daquela nova heresia dos judaizantes, mas todos abjuraram e reconciliaram-se com a Igreja. Que necessidade havia de os mandar matar, e ainda por cima depois de uma viagem longa e perigosa? Quando se pisava terra, agradecia-se a Deus por se ter escapado às tempestades (e estava-se em Outubro avançado e um tempo péssimo). Encontravam-se amigos, parentes, o calor de uma casa. Mas eles saíam do navio para acabar nos cepos e depois enforcados na Ponte. Havia algo de profundamente errado em tudo isto. Até lhe haviam dito que o vice-rei Granvelle queria evitar que o povo se rebelasse, porque em Nápoles detestavam a Inquisição, quer a espanhola, que haviam repelido com

97

Heréticos

a fúria do povo, quer a romana, que não existia oficialmente, mas que na realidade existia e de que maneira, com todos aqueles núncios e vigários enviados de Roma. Não era melhor agraciá-los e fechá-los na prisão, ou mandá-los para casa? Mas o Papa queria que fossem executados, dizia-se que estava em disputa com Veneza, e queria demonstrar a todos a utilidade das execuções públicas que, em Veneza, não se faziam de todo. Coisas maiores do que ele, bem como dos seus desditosos passageiros. Mas estavam a entrar no porto, a viagem terminara.

Monsenhor Pietro Dusina ganharia fama, ainda que modesta, com a sua próxima missão a Malta, em 1574, na qualidade de primeiro legado apostólico e inquisidor a ser enviado à ilha. Em Roma, as quatro mulheres seriam mais lembradas como «bruxas» do que como judaizantes. Do dono do barco nada mais sabemos.

Solilóquio

VIII
Solilóquio

No palácio do Colégio Romano, o geral da Ordem dos Jesuítas, Muzio Vitelleschi, estava sentado à sua mesa de trabalho, com as cartas espalhadas diante dos seus olhos, as sobrancelhas franzidas. Na casa dos sessenta anos, envelhecido, de barba curta e cuidada, os olhos ligeiramente apagados, Vitelleschi não era decerto um homem sem acuidade, uma vez que dirigia a Companhia há mais de quinze anos e dirigi-la-ia por mais quinze, atravessando substancialmente incólume um dos períodos mais complicados e atormentados. Mas naquele momento, em finais de 1631, o geral sentia surgir dentro de si dúvidas e indecisões. Eram anos difíceis e Vitelleschi sentia, não sem razão, ser arrastado pela situação ao invés de a dominar. Perante a renovação filosófica e científica que dominava a vida cultural de então, a Companhia estava na defensiva: ligava-se cada vez mais à tradição aristotélica, fazendo refluir nesta segunda escolástica todos os germes mais inovadores da sua tradição, o seu humanismo, a sua abertura ao exterior, a sua sensibilidade estética, e também o orgulho do Colégio, a sua tradição

Heréticos

matemática e científica. Após a morte, em 1612, do grande matemático jesuíta Christopher Clavio, amigo de Galileu, os seus discípulos perpetuavam no Colégio uma ciência cada vez mais submetida ao primado da ortodoxia religiosa. O risco, e Vitelleschi tinha consciência disso, era a fossilização. Identificada, depois da sátira impiedosa do *Saggiatore* de Galileu, com a mais repisada escolástica, a Companhia já só florescia nas missões no Oriente, na distante China, onde os jesuítas prosseguiam a obra de Matteo Ricci, falecido em 1610. Na Alemanha, onde mesmo os missionários jesuítas haviam conquistado, passo a passo, territórios e almas à Contra-Reforma, o exército protestante de Gustavo Adolfo da Suécia avançava vitória após vitória, arruinava as tropas imperiais e, com elas, o destino do catolicismo. Em Roma, sob o pontificado de Urbano VIII Barberini, a Companhia parecia ter perdido grande parte da sua influência. As tensões com o pontífice eram permanentes e o próprio Vitelleschi fora alvo da sua ira há apenas cinco anos, quando os jesuítas tentaram provocar a ruptura das relações diplomáticas entre França e Roma, apresentando em Paris uma cópia falsificada de um tratado sobre a heresia em que se ameaçava Luís XIII de deposição. E, apesar do aparato público da ccrimónia com que, em 1622, Inácio de Loiola fora canonizado, a terra fugia debaixo dos pés da Companhia, que parecia fechar-se cada vez mais em si mesma e recusar todas as novidades. Agora, Vitelleschi encontrava-se perante uma nova dificuldade e precisamente no momento em que a Companhia parecia poder, com a ajuda do partido espanhol e do poderoso cardeal Bórgia, pôr travões ao partido dos inovadores e ao seu mais ilustre representante: Galileu. E era a Alemanha que se movia, a Alemanha que se encontrava numa situação tão delicada, com os protestantes à porta e todo o castelo de cartas contra-reformista que ameaçava desabar. Quem escreveu a Vitelleschi, pedindo-lhe protecção num momento de grandes dificuldades na província alemã da

Solilóquio

Ordem, fora de facto um jesuíta alemão, um padre proveniente de uma família da mais alta nobreza de Vestfália, Friedrich Spee von Langendorf. Vitelleschi conhecia a sua história, e já trocara correspondência com ele.

Spee nascera em Kaiserswerth, nas margens do Reno, em 1591, e entrara na Companhia em 1610. Esta escolha trouxera consigo aborrecimentos consideráveis para a Companhia, recordou Vitelleschi. Com efeito, Spee não era o cadete, destinado à religião, mas o primogénito, herdeiro do título. O pai opusera-se por todos os modos à sua escolha, tanto que o jovem tivera de interromper por duas vezes o seu noviciado em Treviri. Mas no fim, a sua fé ardente triunfara, ou pelo menos assim se pensara na época, disse para si o geral. E a sua carreira inicialmente fora brilhante: tomadas as ordens, dedicara-se ao ensino de Teologia e Filosofia, mas também se distinguira na obra da pregação contra os protestantes e nas missões de reconquista católica. Numa dessas missões, próximo de Hildesheim, fora gravemente ferido por um herege. Uma das suas funções era a de confessor dos hereges alvos de processos, e nessa qualidade Spee acompanhara à fogueira as mulheres acusadas de bruxaria durante a vasta perseguição conduzida pelo príncipe-bispo, o eleitor Ferdinand von Bayern, entre 1627 e 1628, desempenhando essa função com agitação crescente e suscitando várias vezes escândalo com as suas tomadas de posição públicas a favor das mulheres condenadas. E agora, Spee saíra-se com um livro, no qual atacava o procedimento judicial em vigor na Alemanha e a grande perseguição das bruxas. O livro não tinha o seu nome, ainda que o autor não fizesse seguramente mistério, e fora publicado sem a autorização dos seus superiores, e ainda para mais em Rinteln, uma cidade calvinista. A Ordem estava em alvoroço, por toda a parte se exigia a sua demissão. Apenas a protecção do novo provincial, Goswinus Nickel, impedira até então o seu afastamento da Companhia, embora não tivesse conseguido impedir que fosse destituído da Universidade de Paderbon, onde ensinava.

«É esta a sua história», pensou Vitelleschi. «Que pena», disse para si, «devê-lo-ia ter chamado a Roma, tê-lo afastado da Alemanha». E agora, a questão fora confiada à sua decisão. Os inimigos de Spee mandaram-lhe um exemplar do livro, *Cautio criminalis, sive de processibus contra sagas*. Logo depois, chegara-lhe às mãos outro exemplar do texto incriminado acompanhada por uma carta do próprio Spee, que confessava sem meias palavras a paternidade da obra, apesar de negar ter autorizado a sua publicação, e que sobretudo não só não a renegava, como também a defendia a ferro e fogo com o arrebatamento que lhe era característico, pensou Vitelleschi com um misto de exasperação e de inveja. Pedia ao geral que a lesse, que desse a sua atenção àquele problema, que envolvesse a Companhia numa batalha contra a morte de seres humanos inocentes: uma prepotência, acrescentava, cometida em nome da fé e do catolicismo.

O seu apelo, apaixonado, colocava o geral em grandes dificuldades. Em Itália, a bruxaria já não representava um problema. Há já muitos anos que a Inquisição olhava as acusações de bruxaria com grande cautela. Não porque em Itália tivesse havido muitas fogueiras de bruxas, apesar de ter havido um período, sob o pontificado de Pio V, em que até em Roma algumas mulheres foram queimadas por causa da bruxaria em Campo de' Fiori. E na Lombardia, o cardeal Carlo Borromeo mandara para a fogueira muitas mulheres acusadas de bruxaria, mas quase sozinho, contra o parecer do Santo Ofício. Nos meios da Inquisição romana, circulava há muito uma *Instructio* para a condução dos processos de bruxaria, que punha em prática obstáculos jurídicos muito fortes a este género de procedimentos. Mas o geral não ignorava decerto que, enquanto em Roma circulavam documentos de tal espécie, na Alemanha continuavam a arder fogueiras em grande

Solilóquio

número. Felizmente, dizia-se em Roma, eram processos desejados pelos príncipes ou pelos senhores eclesiásticos. A Inquisição, de resto quase totalmente ausente na Alemanha, não tinha responsabilidade alguma. Mas as fogueiras continuavam e quem as desejava eram príncipes eclesiásticos, arcebispos, homens na vanguarda da luta contra a heresia protestante, na guerra que dilacerava a Alemanha. Agora a questão ameaçava obrigar a Ordem a tomar posição, a sair do silêncio.

Pena, disse para si, que naquele momento já não fossem os príncipes e as cidades protestantes a desencadear os processos, como entre 1560-70. Que arma que seria contra os protestantes, naquele momento da guerra, acusá-los de derramar sangue de vítimas inocentes. Mas não, agora eram apenas os católicos a procurar bruxas em todo o lado e a acender fogueiras: os príncipes-bispos estavam na primeira linha, em Mogúncia, Treviri, Colónia, Würzburg, Bona, na Renânia e em Vestfália. E o exército protestante sueco, na sua marcha de conquista, apressava-se a travar as execuções. Quanto à Companhia, disse para consigo Vitelleschi, no passado sustentara com todas as suas forças esta perseguição, apoiando os processos. Aquele Peter Binsfeld contra o qual se insurgia continuamente a obra de Spee, por exemplo, estava muito ligado aos jesuítas, e fora sufragâneo do arcebispo de Treviri nos anos de grande perseguição das bruxas. E jesuíta, ainda que de origem espanhola e de residência flamenga, era Martin del Rio, que aparecia igualmente muitas vezes na polémica de Spee e cujas obras foram alimento privilegiado dos juízes alemães ao longo desses anos. Mas agora as coisas estavam a mudar. Spee não estava sozinho, apoiava-se na autoridade teológica e no prestígio de outro jesuíta, Adam Tanner, que era um dos mais ilustres teólogos da Alemanha e cujas posições, há já dez anos, suscitaram não poucas reacções na província alemã da Ordem. E quem podia dizer quais eram verdadeiramente, para além das tomadas de posição dos jesuítas mais velhos e mais ligados ao passado, os humores das novas gerações dos Colégios Alemães, que, tal como Spee, estavam a viver aqueles momentos de perseguição obscura? Sobre a inocência dos acusados, o geral não tinha dúvidas. Mas não era esse o problema.

Deveria a Ordem, portanto, tomar uma atitude contra a caça às bruxas que ensanguentava a Alemanha, impor a partir de Roma esta orientação à província alemã, em suma, fazer sua a batalha de Spee, associando-se às novas posições que predominavam em Roma? A questão levantava dois problemas: um era essencialmente político, a necessidade de não entrar em choque com os príncipes eclesiásticos, com os soberanos das regiões católicas da Alemanha. Vitelleschi não o menosprezava, mas nem sequer o considerava um obstáculo insuperável. No fundo, guiar as acções e a moral dos seus fiéis era tarefa essencial da Igreja. As crenças podiam mudar, as mentalidades podiam transformar-se, a religião dos príncipes podia ser orientada. O outro problema dizia respeito à Ordem e à sua imagem. Quem sabe, disse para si Vitelleschi, se uma semelhante tomada de posição não podia convir à Ordem, dando-lhe uma imagem menos fechada, mostrando-se aberta à crítica e às posições inovadoras. Quem sabe se uma batalha contra os excessos da superstição na Alemanha não pudesse facilitar-lhe a vitória que mais lhe interessava, aquela contra os copernicanos e contra o espírito da nova ciência?

Decidiu submeter o texto de Spee ao parecer de alguns entendidos na matéria. A demonologia nunca lhe despertara a atenção. E quanto ao procedimento criminal, que lhe agradava ainda menos, nunca se preocupara em estudar os tratados dos juristas, como o tratado de Prospero Farinacci, a *Praxis criminalis*, que Spee citava em todas as páginas. Veio-lhe à lembrança um sacerdote da Cúria, experiente jurista, Francesco Albizzi, considerado um dos amigos de maior confiança da Companhia. Es-

Solilóquio

tivera recentemente na comitiva do núncio em Espanha e dizia-se que em breve seria nomeado assessor do Santo Ofício. Era, pensou Vitelleschi, a pessoa mais avalizada para decidir informalmente, sem meter no meio os consultores da Inquisição, sobre a licitude ou não da obra de Spee. Além disso, a estadia espanhola tornara-o provavelmente imune à obsessão demonológica: também em Espanha, como em Itália, as fogueiras das bruxas eram história do passado. Devia pedir ainda o parecer de um membro da Companhia, disse para consigo, quanto mais não fosse por razões de equilíbrio interno. Se decidisse tomar posições radicais, necessitaria do consenso dos jesuítas italianos.

O parecer de Albizzi chegou com grande rapidez e era muito positivo. O livro, dizia-se, não continha nada que cheirasse, ainda que ligeiramente, a heterodoxia. Sobre o problema da existência da bruxaria, o texto estava formalmente correcto, aceitava a sua existência, talvez implicitamente, e não era isso o essencial? O que interessava verdadeiramente ao seu autor eram os mecanismos processuais que eram desmontados sem hesitação alguma. Não é que Spee quisesse refutar o procedimento inquisitorial em si, acrescentava. Era o modo como se aplicava na Alemanha que lhe parecia uma perversão do mecanismo originário. O discurso de Spee, escrevia Albizzi, era digno de atenção. Com efeito, a seu ver, o mecanismo inquisitorial, ao basear-se na tortura, fundava-se na atribuição de um papel decisivo a Deus na determinação da culpa ou inocência do imputado. A tortura purga, diziam de facto os textos de direito. Se um imputado sair da tortura sem confessar, quer dizer que é inocente, que se «purgou dos indícios» de culpa. O sistema permitia, portanto, a possibilidade de demonstrar a própria inocência, assim como levava o culpado a ficar preso à sua culpa. Era Deus que se manifestava, como no ordálio. Mas a caça às bruxas, como decorria naquele momento na Alemanha, na óptica de Spee, introduzira uma novidade no mecanismo tradicional de descoberta da verdade: a ideia de que se as bruxas não falavam era porque o diabo lhes prendia a língua com um feitiço, o feitiço do silêncio, assim lhe chamavam. A introdução desta inovação, segundo Spee, levava ao esvaziamento do cerne do mecanismo inquisitorial. Tornava-se impossível distinguir o inocente do culpado. A ordem jurídica era violada, Deus era reduzido ao silêncio, a procura da verdade era inútil: «Gostaria de saber, morre-se quer se confesse quer não, assim sendo, se era inocente, não havia nenhum modo de o salvar? Infeliz, que esperanças alimentaste? Por que não te confessaste culpada assim que entraste na prisão? Por que quiseste morrer tantas vezes quando poderias ter morrido uma única vez?», escrevia sem meias palavras Spee na sua obra.

Era a obra de um homem, acrescentava-se, cheio de nostalgia pela antiga ordem, um aristotélico puro, que agia segundo as rectas regras da filosofia das escolas e que denunciava a sua perversão. Se a Companhia o tivesse apoiado, talvez tivesse ido contra os nobres católicos da Alemanha, mas teria restaurado a ordem violada: uma ordem simultaneamente intelectual, judicial e religiosa.

Com maior lentidão chegou o segundo parecer, obra de um jovem jesuíta do Colégio Romano, conhecido por ser um discípulo do padre Arriaga, um jesuíta que tinha a cátedra de Filosofia e Teologia na universidade jesuíta de Praga, um estudioso de grande abertura que tentava conciliar as exigências da filosofia natural com os fundamentos da escolástica. Contrariamente ao esperado, o parecer não era muito favorável ao livro de Spee. Era um livro demasiado extremista, dizia, demasiado crítico das normas do direito criminal. Tocava numa situação particular, num momento muito delicado para o futuro da Companhia, e não era de excluir que o fizesse com algum exagero. Talvez, acrescentava, fosse melhor para a Ordem não tomar posição sobre estes problemas. Por detrás destas posições tão cautas, Vitelleschi pensou que estivesse o receio de que uma tomada de posição sobre este problema relegasse para segundo plano a renovação cultural e teológica. O jovem jesuíta pensava talvez que a batalha de Spee fosse uma batalha de retaguarda. Afinal, que importância poderia ter o facto de algumas dezenas de personagens, ou até algumas centenas, serem queimadas na Alemanha sob motivos risíveis? O geral sorriu amargamente. Se a Ordem também tivesse tomado posição contra a caça às bruxas, isso não lhe teria facilitado obter a condenação da nova ciência.

Nessa altura, Vitelleschi começou a ler o livro, mergulhando cada vez mais nas suas argumentações. Impressionou-o o facto de, assim como os seus antecessores haviam apelado à experiência judicial para sustentar as razões da caça às bruxas, Spee apelar continuamente à sua experiência de confessor para afirmar que a maioria das pessoas condenadas era inocente. É o espírito do tempo, o recurso à experiência. Mas não o fizera também aquele grande libertino e herege Jean Bodin, que não acreditava em Deus mas acreditava na existência de bruxas só porque assistira à sua confissão? O geral perguntou-se ainda se Spee acreditava verdadeiramente naquele Deus em nome do qual renunciara ao seu destino privilegiado no mundo. A imagem que provinha daquele texto era a de um mundo sem Deus, sem a intervenção da divina Providência. É típico destes entusiastas que primeiro movam mundos e fundos para conseguir uma coisa e depois, assim que a conseguem, a esqueçam como tendo perdido todo o interesse. «Assim era o zelo religioso de Spee», pensou. Denunciara o silêncio de Deus em relação à inocência ou à culpa das acusadas e agora acabava por já não acreditar que Deus se pudesse preocupar com os homens.

Se respondesse ao seu apelo, recuperaria, pelo menos em parte, a sua fé perdida. Se não o fizesse, confirmaria o seu desaparecimento. Mas, poderia obrigar a Companhia a tomar uma posição do género apenas para resolver a crise de consciência de um membro seu, mesmo sendo este uma figura relevante como Spee? Mas não queria agir de modo precipitado: era um homem prudente e, por consequência, capaz de mudar as suas posições, de as esbater. Era considerado um «vira-casaca», o que não era decerto o seu maior defeito. Sentia também, naquele momento, um misto de admiração e inveja por aquele confrade ainda jovem (tinha, se não estava em erro, quarenta anos) que demonstrava toda esta coragem. Protegeria Spee, decidiu, mas não responderia ao seu apelo. Ainda não tinha chegado a hora, dir-lhe-ia. Era preciso ter paciência. Molhou a caneta no tinteiro e começou a escrever: «Dilecto filho... ».

Pouco tempo depois, Spee foi chamado para ensinar Filosofia Moral em Colónia, mas a publicação da segunda edição da *Cautio*, em Francoforte, trouxe-lhe mais oposições. Em 1633, passou a ensinar em Treviri, onde desempenhou ainda as actividades de confessor e de pregador e onde morreu de peste a 7 de Agosto de 1635.

Em 1633, o padre Arriaga foi obrigado a renunciar ao ensino de Filosofia em Praga: o jovem jesuíta que escrevera o segundo parecer sobre a *Cautio* perdeu assim o seu principal ponto de referência.

Quanto a Francesco Albizzi, em 1636 foi enviado na comitiva do núncio a Colónia e conseguiu ver pessoalmente «os numerosos postes erguidos fora das vilas e cidades, em que pobres mulheres, objecto sobremaneira de compaixão, foram consumidas pelas chamas como bruxas». Escreveu isso numa sua obra, muitos anos depois de 1683, cardeal já com 90 anos, fazendo elogio aos dois jesuítas que se tinham oposto à perseguição. Mas recordava-se apenas do nome de Adam Tanner, o do autor da *Cautio Criminalis* escapava-lhe.

A *cautio* conheceu uma grande difusão e teve um papel determinante na viragem que levou ao fim dos processos contra as bruxas. Numerosas foram as suas edições em texto original em latim, até à de 1731, que tem pela primeira vez o nome do autor. Foram publicadas traduções em alemão ao longo do século XVII, sobretudo no âmbito protestante. Os iluministas leram-na como obra de um precursor da razão e contribuíram para perpetuar a fama mesmo quando as fogueiras se haviam apagado em toda a parte.

Outono

IX

Outono

A mulher, de idade mais do que madura, era de baixa estatura e nunca devia ter sido bonita, apesar da testa alta e dos olhos escuros profundos. Estava sobriamente vestida de cinzento e o vestido tinha um corte quase masculino. O homem, também ele velho, era alto, esbelto, atacado pela calvície, sendo brancos os cabelos que lhe restavam. Os olhos eram muito verdes, verde-esmeralda. Devia ter sido bonito quando era novo. Estavam sentados no jardim do palácio Riario, em Lungara, numa noite quente de Setembro, perfumada de flores e do Outono iminente. A mulher era Cristina da Suécia, rainha. O homem era Francesco Giuseppe Borri, milanês de nascença, alquimista, médico muito famoso, na opinião de muitos um charlatão. Estávamos em 1686: Cristina, após ter adoptado a religião católica e abdicado do reino, vivia em Roma há mais de trinta anos, onde mantinha uma corte real. Borri, condenado à prisão perpétua por heresia, vivia há mais de catorze anos no Castelo Sant'Angelo, mas o seu cativeiro era pontualmente suavizado pela possibilidade de ir à cidade, sempre sob discreta vigilância, tratar pacientes, visitar os amigos. E a de Cristina era uma visita amigável, não profissional. Os dois conheciam-se há muitos anos e partilhavam uma verdadeira paixão: a alquimia. E ainda agora discutiam apaixonadamente sobre a pedra filosofal, uma investigação que os unira há trinta anos, apesar das vicissitudes. Ao estabelecer a sua corte em Roma, Cristina não conseguira que Borri, à época em viagem por meia Europa, aí se fixasse, pelo que tivera de se contentar com alquimistas menos capazes. Nem sequer ela, rainha de Roma, que continuava a exercer na sua corte os direitos soberanos e que tinha um alto conceito da sua realeza, pudera convencer os papas que se foram sucedendo no trono de São Pedro a passar por cima da sentença inquisitorial que, em 1656, condenara Borri à revelia por heresia. Só a captura do estudioso em 1670, em Viena, e a sua entrega em Roma, onde escapara à fogueira em troca da tranquila prisão no Castelo Sant'Angelo, haviam aproximado a rainha do alquimista. Desde então, Cristina ia visitá-lo várias vezes, para lhe colocar questões, pedir respostas. E, às vezes, Borri conseguia sair da prisão, passar algumas horas com ela na paz de Lungara. De todas as suas influentes amizades romanas, de todos os seus discípulos e discípulas, Cristina era a mais fiel, talvez porque nada tinha a temer da Inquisição do papa. Demonstrara-o ao continuar a proteger o quietista espanhol Miguel Molinos, inclusive agora que estava a ser processado por heresia e todos o davam como condenado. Contudo, Cristina não era de todo favorável ao misticismo quietista e apoiava-se em tradições bastante mais racionalistas. Mas com Borri havia uma profunda amizade intelectual, uma estreita intimidade que resistia aos anos e às mudanças da vida. E agora que estas haviam atenuado, com os anos e o cativeiro, os seus comportamentos misticistas e proféticos, Cristina sentia-se em harmonia com a sua inteligência.

Sentado em frente à rainha, o homem examinava-a atentamente. Sem demasiada ênfase, informou-se da sua saúde. «Quan-

Outono

do eu estiver doente, senhor Borri, mandá-lo-ei chamar imediatamente», respondeu Cristina, «são apenas os achaques da idade.» «Vossa Majestade tenha cuidado», insistiu Borri. «Não se deixe sangrar demasiado pelos vampiros dos seus médicos, sabe o que penso sobre estas técnicas que matam o doente para matar a doença.» A rainha sorriu, não ignorava a oposição do seu interlocutor à prática da sangria, contra os médicos de toda a Europa. O doutor Borri, considerado por alguns um autêntico génio e, por outros, pouco mais que um impostor, confiava nas medicinas químicas, rejeitando a tradição galénica. Por isso, fora suspeito até de venefício aquando da sua condenação. A rainha estava pálida e sentia-se realmente cansada. Tinha quase sessenta anos e a atenção com que o médico a examinava deu-lhe vontade de encontrar nele o consolo da doença verdadeiramente incurável: a idade. Confidenciou-lhe que já nada a interessava, que os bailes e os divertimentos a aborreciam, que o seu coração não palpitava, que os prazeres da carne já não a atraíam. Há muito que as suas relações com o cardeal Azzolino, o último e o mais importante dos seus amantes, se haviam tornado apenas amigáveis, e isso nem sequer lhe desagradava. O médico escutava-a atento, e tentou fazer-lhe um elogio graciosamente, mas a rainha liquidou-o com um aceno de mão. Se algum dia houve uma faísca entre eles, era coisa do passado. Agora, no outono da existência, era tempo de conversar.

Não obstante a paz consolidada dos sentidos, Cristina continuava a ser curiosa. Pensava muitas vezes na pedra filosofal, na procura laboriosa da vida inteira de alquimista, na sua promessa nunca mantida. Precisava de muito dinheiro, confidenciou-lhe, queria mandar erguer em Roma um túmulo sumptuoso que conservasse ao longo dos séculos a recordação da rainha de Roma. Mas o assunto sobre o qual queria interrogar o amigo, naquele momento, eram determinadas teorias suas do passado que a afligiam. Recordava-se de certas hipóteses suas sobre a origem do cérebro, associadas, sustentava, a um projecto de geração do homem unicamente a partir do sémen masculino. Isso despertava-lhe a curiosidade porque sempre se interessara pelo problema da divisão dos sexos. Recordava-se, o seu amigo Borri, que o hábito de se vestir à homem lhe havia criado a fama de ser hermafrodita? Uma fama que nunca lhe desagradara, na verdade, com a qual rira e despertara a curiosidade. Nascera com a camisa, recordava, com apenas o rosto, os braços e as pernas livres, e num primeiro momento pensou-se que era um homem, graças também ao «rugido imperioso e extraordinário» que emitira com voz forte logo depois de sair da barriga da mãe. Desde então sentia-se marcada por um destino viril. Quisera sempre elevar-se para além do seu sexo, das fraquezas das mulheres, e usara muitas vezes a realeza para fugir às fraquezas femininas. Mas tivera de combater, mesmo como rainha. Tivera de recusar o casamento e a maternidade, e para o fazer renunciara ao trono, deixando como seu sucessor o primo que estava destinado a subir ao trono ao casar-se com ela. E quando chegara a Roma, quanto lutara para conquistar o direito de dirigir directamente a palavra ao pontífice, embora o seu sexo disso a impedisse. E ainda, nos seus amores, nas traições que sofrera e vingara, mais como rei do que como rainha, quando, em França, havia julgado pessoalmente e mandado executar pelos seus guardas um dos seus amantes, Monaldeschi, réu por ter sido indiscreto e ter divulgado as suas cartas. Apenas as rainhas, perguntava-se agora, podem elevar-se acima dos sexos? E se os homens conseguissem realmente gerar apenas através do seu sémen, que necessidade haveria então do sexo feminino, das mulheres e das suas fraquezas? Todavia, não podia ser este também um modo de libertar o sexo feminino dos incómodos da reprodução? Nunca suportara, era sabido, ter à sua volta mulheres em estado de gestação. Evitava até as suas damas de companhia quando estas estavam grávidas. Pareciam-lhe vacas, privadas, em virtude do seu estado, de qualquer centelha de inteligência que fosse. Tinha por hábito agradecer ao Senhor tê-la feito nascer mulher, mas por ao mesmo tempo a ter isentado de todas as suas fraquezas comuns ao sexo mais fraco, tornando a sua alma, afirmou, «tão viril quanto o resto do meu corpo». E se as mulheres tivessem podido não ser submetidas às necessidades da reprodução, não teria havido outro caminho, igual ao da realeza, para afirmar esta imagem viril do ser feminino?

O alquimista escutava com grande atenção os discursos da rainha. Era a primeira vez que a soberana se abria seriamente com ele sobre estes temas, sem reservas nem provocações. Mas não sabia como lhe responder. Era verdade que estudara intensamente este problema quando vivia, afagado e coberto de ouro pelas suas pesquisas alquimistas, na corte de Frederico da Dinamarca, mas – e aqui quase que se desculpava – a morte do rei da Dinamarca e, mais tarde, a entrega a Roma por parte da corte vienense haviam-no obrigado a deixar cair todas as suas hipóteses. Continuava a pensar que ainda havia muito para descobrir no campo da fisiologia da reprodução, mas com a idade chegara a duvidar que fosse realmente possível prescindir de um dos sexos. Disse-lhe que era um mito criado na Antiguidade pelo grande Platão, e talvez tivesse sido efectivamente assim na noite dos tempos, antes de os homens e as mulheres se dividirem em dois sexos distintos e opostos. Quando estava na Dinamarca, no auge da fama e do sucesso, acrescentou nostalgicamente, imaginara um mundo sem comércio carnal entre homens e mulheres, onde os homens – e em pé de igualdade com as mulheres – comercializassem apenas com seres «elementares» – assim os definia –, Sílfides, Ninfas, Salamandras, por forma a dar vida a uma prole perfeitíssima, sapientíssima, semelhante à divindade. «Tem cuidado, Borri», disse-lhe a rainha, «são fantasias muito semelhantes às sustentadas pelos demonológicos, que crêem nos acasalamentos do diabo com as bruxas.» «Já estou a pagar com a minha liberdade estas fantasias», respondeu o médico, «que mais me poderá acontecer?»

«Decididamente, não se pode evitar que existam mulheres, ou melhor, que existam dois sexos», concluiu a rainha. Borri anuiu, pensativo. «Mas no fundo a existência das mulheres não é um mal», afirmou, «enquanto existirem mulheres como vós, capazes de se elevarem não acima de outras mulheres, mas acima da divisão dos sexos.» A rainha sorriu e as rugas da sua testa alisaram-se como que por magia. «É mais fascinante agora do que quando era nova», pensou Borriu, sem o dizer. Era hora de regressar ao Castelo de Sant'Angelo. Cristina prometeu ir visitá-lo em breve, diminuir a monotonia da sua reclusão, e tocou para que os guardas que esperavam do outro lado do portão o escoltassem, com todas as diligências, ao Castelo. As sombras da noite já haviam descido e o parque estava iluminado pelas tochas. A rainha era aguardada no teatro, Borri devia regressar à sua cela.

Cristina da Suécia morreria três anos depois, em 1689. Tivera de renunciar ao seu projecto de um faustoso monumento fúnebre, mas teve sepultura igualmente digna em São Pedro, ao lado dos papas e da condessa Matilde. Os pasquins insinuaram que não era tanto para lhe prestar honras, quanto para vigiar de perto os ossos irrequietos. Borri morreu aos 68 anos, em 1695. Desde 1691, com a ascensão ao trono de Inocêncio XII Pignatelli, a sua detenção tornara-se mais rígida e deixara de poder andar pela cidade.

Os antecedentes

∞

X

Os antecedentes

Quando em 1688, após muitos anos de esterilidade, nasceu o filho de Jaime II, rei de Inglaterra, e da segunda mulher, a italiana Maria de Modena, a *vox populi*, entre os inimigos do soberano, afirmava que o menino não era filho do rei, mas que havia sido enfiado, pela calada, na cama, escondido numa escalfeta, enquanto a rainha fingia dar à luz. A lenda custou a passar, tanto é que Jonathan Swift a recuperava ainda em 1711, quando o filho de Jaime II, deposto pela Revolução de 1688, era conhecido em toda a parte como «o Pretendente». Tratava-se evidentemente de uma prática não muito insólita, como podemos ver por um caso ocorrido em Roma oito anos antes, em 1680, mas tornado público, em tribunal, apenas em 1695.

Na casa de esquina entre a via Vittoria e a via Paolina, as criadas, mal a patroa voltava os olhos e não as podia ouvir, não paravam de coscuvilhar. A casa estava num estado de excitação frenética e o patrão pensava que fosse pela satisfação de finalmente uma criança ter vindo alegrar a casa de dois velhos esposos sem filhos. A senhora Violante decidira transferir-se para um quarto no primeiro andar, deixando o marido Pietro sozinho no quarto de casal: tinha medo de perder aquela criança tão desejada se tivesse relações sexuais com o marido. Continuava a sentir-se mal, a perder os sentidos, a estar sempre quase a desmaiar, branca como a cal. As criadas cochichavam nas suas costas, nunca se vira uma mulher com quase cinquenta anos dar à luz um filho. Só podia ser um fingimento. E todos em casa sabiam a razão: aquele fideicomisso que tocaria a Pietro Comparini apenas se a mulher, Violante, lhe desse um herdeiro, fosse homem ou mulher. Mas Pietro parecia mesmo convencido de que a mulher estava realmente grávida, tratava-a como se fosse de porcelana, andava à sua volta com solicitude, realizava-lhe todos os seus caprichos, e quando Violante reclamava ter necessidade de estar sozinha, até saía de casa, receoso de estar a mais, como um cão escorraçado. No fim, aplacou-se a excitação em casa, e a criadagem esperou para ver o que iria acontecer, ficando porém atentamente de olho no inchaço do ventre de Violante que crescia.

Quem pôs em contacto Violante Peruzzi, mulher de Pietro Comparini, com Corona Paperozzi, viúva originária de Viterbo, já mãe de duas crianças e grávida de uma criatura que não tinha absolutamente meios para criar, fora a parteira, uma tal Angela: «Eu quero fazer um parto fictício», dissera-lhe Violante, «e desejaria que vós me encontrásseis alguma pobre mulher, de bem se possível, que pela sua pobreza não quisesse criar a criatura depois de a dar à luz, e a quisesse mandar ao Hospital do Espírito Santo, para que eu fique com ela.» Angela obviamente contava justamente ganhar alguma coisa com este negócio. Seria a única a ganhar, pois a mãe verdadeira, pobre mulher, ficava já bem contente por entregar a criatura a uma família abastada, que a criaria no bem-estar, em vez de a abandonar à caridade pública, de modo que dinheiro não lhe pedia. Corona avançava na sua gravidez e Violante na sua ficção. Ninguém sabia de nada,

Os antecedentes

excepto Angela, que se tornara da casa. Da simulação do crescimento da barriga ocupavam-se as almofadas, cuidadosamente colocadas debaixo da roupa. Mas as criadas notavam que a barriga era irrequieta: um dia estava maior, outro mais lisa, um dia mais alta, outro mais baixa. Contá-lo-iam, anos depois, no processo que se seguiria.

Quando se aproximou o momento do parto para Corona, também Violante começou a fingir as dores e a permanecer fechada no seu quarto, sem tão-pouco descer para comer com o marido. E mandou que trouxessem para o quarto a cadeira de parto, para estar pronta no devido momento. A bebé de Corona nasceu a 16 de Julho de 1680, na casa onde ela morava ao pé da sua irmã, no beco dos Sediari. A parteira, que assistira ao parto, levou imediatamente a recém-nascida para sua casa, ainda envolta nos panos ensanguentados em que nascera, e foi avisar Violante. Mas foi preciso esperar pela manhã seguinte, 17 de Julho, que Pietro saísse de casa e as criadas estivessem ocupadas nas suas tarefas. Naquele momento, tendo sido todos afastados, a criança foi colocada no quarto, escondida debaixo da capa do marido da parteira. Levaram os panos ensanguentados, e até «um frasco de sangue de vitela, diluído com sal de forma a não coalhar», para melhor simular o falso parto. No acto de fingir o parto, a parteira enfiou a criatura ainda toda ensanguentada no meio das pernas de Violante e, em seguida, em frente de uma vizinha chamada à última da hora para que pudesse testemunhar, tirou-a para fora e gritou triunfante: «Eis a criatura que nasceu».

Agora que tudo acabara, o quarto encheu-se de mulheres, que se atarefavam, lavavam e enfaixavam a criança, alternavam-se na cabeceira, congratulando-se com ela, e examinavam a criança que parecia sã e gritava com fome. Mas Violante, demasiado extenuada do parto para encostar a criança ao peito, não tinha sequer uma gota de leite para acalmar os seus primeiros gritos. Felizmente, já se providenciara uma ama. No dia seguinte, a criança foi baptizada na igreja de San Lorenzo in Lucina, com o nome de Francesca Pompília. O baptismo foi sumptuoso, três coches levaram a recém-nascida, com Pietro, a comadre e o compadre à igreja, enquanto Violante naturalmente ficava na cama. A festa em casa dos Comparini foi grande. As criadas e as vizinhas continuaram a falar durante algum tempo, mas depois quase se esqueceram disso. Nos primeiros anos, foi uma sucessão de amas. Durante algum tempo, mandaram a criança para uma ama fora de casa. Depois, desde que adoeceu, puseram uma ama em casa. Era uma criança rodeada de cuidados e superou facilmente os primeiros anos críticos, a que muitas crianças não sobreviviam.

Quando a criança fora levada embora, logo após o parto, Corona não reagira, ao passo que a sua irmã Caterina, embora soubesse do acordo, tentara deter a parteira. Esta só a poderia levar embora se prometesse revelar-lhes, mais tarde, o nome da sua nova família. E assim foi. Nos primeiros meses, quando a criança estava fora de casa na ama, Corona ia vê-la, comovia-se e abraçava-a muito, e dava-lhe de mamar. Estava contente pelo modo em que a filha crescia, as outras duas filhas nunca gozaram de semelhantes comodidades, nunca tiveram uma ama que as amamentasse. Quando Pompília tinha sete ou oito anos, Corona adoeceu e morreu. Mas não era só ela, mas sim toda a família, que sabia o nome dos pais de Pompília. Quando Pompília, com cerca de quatro anos, começou a ir à escola, encontrou-se na mesma escola com uma das suas irmãs, alguns anos mais velha do que ela. Chamavam-lhe Checca, recorda a irmã, que a reconheceu, e disse-o à mãe, para que a pudesse ir ver à escola. Muitas vezes, a irmã via-a ir para a escola, bem vestida, pela mão do pai. E quando lhe perguntava quem era, a menina respondia ser filha do senhor Pietro Comparini. Em suma, o segredo era do conhecimento de quase todos: das cria-

Os antecedentes

das, dos vizinhos, da família de origem. O único que parecia não saber de nada, além da própria Pompília, era Pietro, que continuava a fazer o que Violante lhe dizia para fazer e parecia ser um pai cheio de atenções com aquela menina que entrou na sua vida quando já estava no limiar da velhice.

Passavam os anos e Pompília crescia. Quando completou treze anos, Violante teimou em casá-la com um nobrezito de Arezzo, Guido Franceschini. O marido Pietro não queria, mas a sua vontade não contava muito, de modo que o casamento se realizou, sem que Pietro soubesse, tendo de aceitar o facto consumado. A seguir à filha, Pietro e Violante mudaram-se para Arezzo, mas as relações com a família do genro logo se revelaram difíceis. A vida em Arezzo não era, para os Comparini, uma vida fácil como esperavam. Foi então que Violante se recordou de que afinal Pompília não era efectivamente sua filha. Talvez os seus sarilhos resultassem daquele primeiro engano e talvez «pudesse ser pecado o facto de ter premeditado e mandado executar o suposto parto»? Foi assim que Violante revelou o caso ao seu confessor. Até àquele momento, conta, nunca falara disso em confissão porque não pensava que houvesse mal algum. O confessor impôs-lhe que contasse tudo ao marido. De joelhos, diante de Pietro, Violante confessou-lhe o engano. Pietro, contou mais tarde, «ficou durante muito tempo imóvel» e depois repreendeu-a asperamente por «esta grande traição». Mas estava habituado a seguir por tudo e por nada a vontade de Violante, pelo que a sua ira não durou muito tempo.

Mas se Pompília não era a verdadeira filha de Pietro e Violante, havia a possibilidade de mover uma acção legal de impugnação de filiação, que permitisse, entre outras coisas, a Pietro, já tão enganado nos seus afectos, pelo menos salvaguardar os seus bens, e em particular não depositar a parte do rico dote de Pompília, que ainda deveria dar ao genro, e quem sabe conseguir a restituição da que já depositara. Para tal, era impor-

Heréticos

tante que Pietro pudesse demonstrar não ter sabido nada do engano, de ter sido a primeira vítima. Todos os protagonistas da história que após aqueles 15 anos ainda estavam vivos, as criadas, as amas, as vizinhas, a tia e as irmãs de Pompília, todos desfilaram a depor em tribunal, contando as circunstâncias do nascimento de Pompília, as suspeitas da vizinhança, o que haviam visto com os seus olhos, o que haviam coscuvilhado e fantasiado. Quanto a Violante, os seus depoimentos fizeram luz até de mais sobre cada ínfimo pormenor de toda a história.

O caso parecia assim esclarecido: Pompília não era filha legítima de Pietro e Violante, Violante nunca dera à luz. Todavia, o tribunal ainda não havia tomado uma decisão sobre o caso no seu todo quando o conde Franceschini, que considerara o processo de impugnação de filiação uma afronta intolerável, e que além do mais fora abandonado por Pompília, que fugira para Roma à procura de refúgio em casa dos seus «pais», apareceu de repente na cidade com quatro esbirros e matou à punhalada a mulher e, com ela, Pietro e Violante. Mas isto já faz parte da história que se segue.

Um crime de honra

XI

Um crime de honra

Molhou rapidamente a caneta no tinteiro e começou a escrever numa caligrafia densa e ordenada: *Ioannis Baptista Bottinius Fisci & Reverendae Camerae Apostolicae Advocatus pro Fisco contra Guidum Franceschinum et socios.*

Eram os últimos capítulos de um processo que há um mês, desde o início de 1698, estava a manter Roma com a respiração suspensa. Os acusados eram o conde Guido Franceschini, um nobre de Arezzo, e quatro camponeses seus sequazes. Na noite de 2 de Janeiro daquele ano, os cinco homens haviam entrado na casa romana da via Paolina, na esquina da via Vittoria, onde a mulher de Guido vivia com os seus pais, e haviam assassinado os dois velhos. Quanto a Pompília, trespassada pelas punhaladas, fingira-se morta e sobrevivera apenas poucos dias às feridas. Depois do homicídio, o conde Guido afastara-se tranquilamente com os seus cúmplices em direcção a Arezzo. Foram todos detidos por esbirros enquanto dormiam numa hospedaria às portas de Roma. Por sua vez, o crime era o último acto de uma história intrincada de casamento e de interesse. O que estava em discussão não era a responsabilidade do crime, que

Heréticos

Franceschini admitira sem hesitações, mas sim o móbil. Se se tivesse tratado de um crime de honra, Franceschini, e com ele os seus cúmplices, poderiam gozar de atenuantes a ponto de deixarem Roma tranquilos. Mas, à parte o caso de Pompília, a jovem mulher de Franceschini, o homicídio dos seus pais, Pietro e Violante, podia efectivamente incluir-se na categoria dos crimes de honra? E seria Franceschini um homem traído que vingava a sua honra, ainda que com algum exagero, ou um prepotente que matava insensivelmente frio três pessoas por torvos motivos de interesse? Os Romanos estavam divididos, havia quem quisesse que os assassinos acabassem no patíbulo e quem, ao invés, olhasse com indulgência o seu crime e os quisesse ver livres. Quer a acusação (na linguagem da época, o *Fisco*), quer a defesa eram representados por ilustres advogados, que se enfrentavam, com golpes de citações, passando pelo direito romano, o *ius commune*, a literatura, os Textos Sagrados. Francesco Gambi era procurador do *Fisco*, Giovan Battista Bottini advogado. Na defesa, Giacinto Arcangeli, procurador dos pobres, e Desiderio Spreti, advogado: os nomes mais famosos do foro romano daquela época. Os memoriais da acusação e da defesa, impressos como de costume, circulavam entre uma opinião pública muito atenta, enquanto panfletos anónimos tomavam partido ora de um, ora de outro, proporcionando material aos pasquins. As cartas que o ilustre advogado de acusação, Giovan Battista Bottini, estava a escrever, estavam precisamente destinadas a ser imediatamente dadas à tipografia, discutidas e refutadas. Mas Bottini procurava também, mesmo na prosa elegante e na procura das mais rebuscadas citações, um sentido para aquela história incompreensível por determinados motivos. Os memoriais da defesa concentravam-se na definição do crime de honra, aprofundando as suas formas, exaltavam o seu papel. A acusação não queria limitar-se a esta discussão jurídica, que a Bottini parecia agora demasiado abstracta, mas

Um crime de honra

olhar mais de perto as personagens deste caso e, em particular, as suas vítimas. Um caso, dizia Bottini, em certo sentido comum, que envolvia pessoas bastante comuns e móbiles muito humanos. Mas o fio continuava a fugir-lhe, e enquanto escrevia perguntou-se se a sua reconstituição não estava completamente errada, onde e como era possível encontrar a verdade. Este era um pensamento que não o abandonava, nas noites de insónia das últimas semanas, no obsessivo compulsar de antecedentes e textos jurídicos, sem sequer confiar nos seus assistentes, fechado num diálogo ininterrupto consigo próprio. Perguntava-se se, no fundo, o que queria era apenas a cabeça de Franceschini, aquele carniceiro arrogante convencido de estar no seu direito. «Penso no meu sucesso ou na justiça?», perguntou-se enquanto acrescentava as últimas palavras ao seu memorial. E era justiça o que queria, ou vingança? E fosse como fosse, que diferença fazia, desde que pudesse chegar à definição de uma verdade qualquer?

No centro do caso estava naturalmente Pompília Comparini, a esposa assassinada juntamente com os seus pais. Na altura da sua morte tinha 17 anos. Nascera em 1680, filha única – ou pelo menos assim fora declarada – de Pietro e Violante Comparini, um casal de cônjuges de idade já avançada, abastados. O seu nascimento permitira ao pai Pietro herdar um fideicomisso de 12 000 escudos, que teria passado para outros se ele não tivesse herdeiros. De Pompília criança não sabemos muito, excepto que vivia com os idosos pais na casa da via Paolina e que frequentara a escola durante quatro anos, um nível de instrução superior ao das outras raparigas da sua classe social. Foi em 1693 que a sua história se cruzou com a do conde Guido Franceschini, um nobre de Arezzo de 36 anos, que tinha em Roma um emprego junto do cardeal Nerli, ao passo que o seu irmão mais velho, o abade Paolo, desempenhava na Cúria as funções de secretário do cardeal Lauria. E foi precisamente Paolo, e não o conde Guido, que não parecia brilhar pela iniciativa e sucesso, quem decidiu que era tempo de o irmão arcar com as suas responsabilidades e regressar a Arezzo, à casa da família governada pela mãe Beatrice, provido de uma mulher capaz de dar um herdeiro à família e de boas finanças para fortalecer o fraco património familiar. E foi Paolo que escolheu para o irmão Pompília, com 13 anos, rica, ainda que não fosse nobre. Iniciaram-se as negociações entre os Comparini e os Franceschini, mas rapidamente encalharam: Pietro não estava de facto satisfeito com o património da família Franceschini, que Paolo lhe havia apresentado como muito prometedor (falara-lhe de uma renda anual de 1700 escudos), mas que, segundo posteriores informações, era muito inferior às previsões, assim como insatisfatória era a nobreza da família, não de primeiro mas segundo grau. Parecia mesmo que o casamento se esvaneceria.

Mas Violante, mulher de Pietro, revelou nesta altura consideráveis capacidades para contornar obstáculos e realizar uma união que, apesar da resistência do marido, lhe parecia ser muito querida. A 6 de Setembro de 1693, com o pretexto de ir com Pompília à missa, levou a filha à igreja de San Lorenzo in Lucina, a igreja da via del Corso onde Pompília fora baptizada. Ali o abade Paolo uniu-a a Guido pelo matrimónio, um matrimónio clandestino para todos os efeitos. Após a cerimónia, Pompília, que nunca vira o conde Guido, regressou à casa paterna com a mãe, que muito a avisou para nada dizer ao pai sobre o casamento. O casamento ficou, por momentos, em segredo e não consumado.

Quem o tornou público foi, uma dezena de dias depois, o conde Guido, que se deslocou a casa dos Comparini para reclamar a sua legítima esposa. Seguiram-se cenas, acusações, desculpas e, por fim, a reconciliação. O contrato nupcial, redigido pelo cardeal Lauria, o patrono do abade Paolo, afirmava que

Um crime de honra

Pompília receberia um considerável dote, do qual, segundo o costume, o pai se limitou a depositar uma primeira parte. Com a morte dos pais, em todo o caso, a jovem mulher de Guido Franceschini e, através dela, a família Franceschini herdaria o famoso fideicomisso. O contrato nupcial previa, numa cláusula habitual, que os Comparini fossem viver com Pompília na casa conjugal de Arezzo, por conta do genro.

Se era sua intenção passar o resto das suas vidas numa casa confortável e luxuosa, honrados e respeitados, as suas esperanças foram, porém, rapidamente frustradas. A casa dos Franceschini não era rica nem confortável, pelo menos na óptica dos Comparini, que se lamentavam continuamente da escassez de comodidades e da parcimónia da comida. A senhora Beatrice, mãe de Guido, tinha pulso firme no governo da casa e não tinha intenção de o deixar nas mãos da nora de treze anos e muito menos nas da mais experiente Violante, como esta queria. Uma noite, ao regressar da taberna, Pietro encontrou a porta de casa fechada e teve de dormir na rua, apesar dos protestos da mulher e da filha. O quadro que daquele período nos retrata uma carta do governador de Arezzo, Vincenzo Marzi Medici (amigo íntimo, todavia, da família de Franceschini) ao abade Paolo, é o de uma convivência impossível entre pessoas de baixa categoria, os Comparini, que não são capazes de viver à altura dos nobres Franceschini e que todos os dias vão suscitando escândalo no pequeno círculo de nobres de Arezzo. Quanto a Pompília, como filha obediente tomava o partido de Pietro e Violante, e chegara ao ponto de fugir de casa, e não uma vez só, e de se ajoelhar aos pés do bispo suplicando-lhe que a deixasse voltar para Roma com os pais. E o bispo mandava-a sempre para casa de carruagem, como ele próprio refere, numa carta do mesmo período, ao abade Paolo como era costume. Pietro e Violante tinham levado todas as jóias de Pompília, mas o governador interviera, obrigando-os a devolver-lhas e ameaçando-os de prisão. E agora, Pietro e Violante haviam regressado a Roma, deixando Pompília com o marido em Arezzo. E nessa altura, escreve ainda o governador, o comportamento de Pompília melhorara muito, a rapariga começara a agir «com modéstia e juízo», tanto é que as senhoras de Arezzo, que até então a evitaram, começaram a conviver com ela. Estávamos em 1694 e a vida de casada de Pompília começava verdadeiramente apenas então, ainda que o casamento tivesse sido consumado dois meses após a sua celebração. Agora, o afastamento de Pietro e Violante permitia esperar que a situação se normalizasse. Nada impedia que Pompília rapidamente pudesse dar ao conde aqueles filhos que por agora a natureza lhe negava, tomar com o tempo o governo doméstico e integrar-se na nova família. Mas quem, mais uma vez, dificultou as coisas, em Roma, foram os Comparini, que, não contentes com terem espalhado por toda a cidade os piores boatos sobre a avareza e a incivilidade dos Franceschini, fizeram uma jogada realmente fora do comum, movendo – e estamos ainda no Verão de 1694 – um processo de impugnação de filiação da filha, com o objectivo declarado de evitar pagar o resto do dote prometido.

Pompília não era a sua verdadeira filha, explicava Pietro no processo de impugnação de filiação. Com efeito, Violante fingira estar grávida e apresentara como sua a recém-nascida, filha de uma pobre viúva. A finalidade do embuste era, obviamente, a de herdar o famoso fideicomisso. Mas Pietro estivera ignorante quanto ao engano, afirmava, e só agora, tendo-o descoberto graças à confissão de Violante, movia um processo de impugnação de filiação, pedindo para ser exonerado do pagamento do dote prometido aos Franceschini e para reaver a parte do dote já paga. Podemos imaginar a raiva dos últimos, fechados na sua casa em Arezzo, com uma nora publicamente não reconhecida pelos pais, e com a perspectiva não só de perder o dote como também o fideicomisso. Estavam divididos, podia-

Um crime de honra

-se imaginá-lo, entre a honra que os levava a pedir a anulação de um casamento tão degradante (e por um momento pensaram seriamente nisso) e a ganância que os levava a fazer como se nada fosse e a ficarem com a rapariga e com a esperança do dote.

«E Pompília?», perguntou-se Bottini. Como reagira a rapariga a esta revelação, que destruía a imagem que tinha de si própria, as suas relações com os que julgara serem seus pais, além de ensombrar fortemente as suas relações com a família em que entrara? Estranhamente, não parece que esta questão influenciasse de forma decisiva o desenvolvimento da vida conjugal de Pompília. Filha dos Comparini, como os Franceschini insistiam em afirmar para salvar a honra juntamente com o dote, ou filha de outra mulher que fosse, Pompília continuava a sua vida de mulher menina na casa de Arezzo. Os Franceschini não abriam mão, porém, do dote, tanto é que em Agosto de 1695, ou seja um ano depois do início do processo de impugnação de filiação, Guido e Pompília moviam um processo contra Pietro para receber o resto do dote prometido. O tribunal decidira a favor deles, mas Pietro recorrera e o processo estava ainda pendente na altura do homicídio, em 1698.

A vida de Pompília na casa de Arezzo tornava-se, porém, cada vez mais infeliz entre maus tratos e ameaças. O que envenenou as suas relações com o marido, agora que os pais dela já não estavam presentes, era sobretudo o facto de os Franceschini quererem a todo custo um herdeiro, e de Pompília ser, ou parecer, estéril. No entanto, a vida de Pompília não era de total segregação e isolamento. A casa era frequentada por alguns amigos e parentes, e entre estes o cónego Conti, a quem cedo a jovem Pompília confidenciou as suas crescentes dificuldades. Além disso, parece que Pompília mantinha relações muito íntimas com o médico que frequentava a casa. É dos primeiros tempos, após a partida dos pais, todavia, um episódio inquietante e obscuro, o de uma carta escrita por Pompília ao cunhado Paolo ditada pelo marido, em que Pompília exprimia o seu alívio pela partida dos seus pais embaraçosos, que lhe haviam exigido que envenenasse o marido e a sogra e que arranjasse um amante que a ajudasse a voltar para Roma, após deitar fogo à casa de Arezzo. A carta parecia prefigurar um cenário, por muito que fosse decididamente incrível, semelhante, pelo menos em parte, ao que se viria a concretizar. O advogado Bottini interrogou-se como é que o marido teria podido prevê-lo com tanta antecipação, a menos que a carta fosse uma espécie de álibi para o futuro. Uma justificação premeditada para assassinar impunemente a mulher, como Pompília tanto temia. Ou, sugeriu-lhe uma incómoda voz interior, a menos que fosse tudo verdade, que Pietro e Violante tivessem efectivamente instigado Pompília a arranjar um amante e a envenenar o marido e a sogra.

Fosse como fosse, nos últimos tempos da sua vida conjugal Pompília era perseguida pelo medo de ser assassinada. Os receios de um envenenamento, Pompília já os manifestara, desde o primeiro ano, nas suas fugas, sem êxito, para junto do bispo e do governador. A família Franceschini era poderosa em Arezzo, ligada por mil relações de parentesco e de amizade às mais altas autoridades. Mandaram-na sempre para casa, com garantias de todo o tipo: interviriam junto de Guido, exortá-lo-iam a ser moderado, devia adaptar-se à vida conjugal, superar estas dificuldades, que eram típicas de todos os casamentos. Era jovem e habituar-se-ia. E por sua vez, dizia-se que a jovem Pompília era embirrenta, tinha caprichos, não queria renunciar à liberdade de que gozara antes de se casar, liberdade típica de famílias menos bem colocadas e menos atentas à sua honra e à sua respeitabilidade. E compadeciam-se de Guido por ter arranjado uma mulher tão indisciplinada.

Bottini perguntou-se o que teria acontecido se o bispo e o governador tivessem dado ouvidos àquela rapariga amedronta-

Um crime de honra

da, que falava de veneno e de maus tratos, que pedia ajuda. Mas poderiam ter agido de outra forma? Pompília era a mulher de Guido, a ele devia obediência. A lei não consentia outra possibilidade senão a de mandar para casa a jovem mulher e intervir com discrição para moderar a insensibilidade do marido. É certo que, se estivessem mesmo convencidos de que a sua vida estava em perigo, poderiam mandá-la procurar um refúgio seguro num convento. Mas havia realmente um perigo tão iminente? O homicídio não demonstrava efectivamente que esse perigo existisse, disse Bottini para si. Demasiadas coisas haviam acontecido entretanto, a fuga, a suspeita de adultério, o nascimento daquela criança... Contudo, deveria ter havido um momento em que a história poderia ter tomado outro rumo, em que poderia ter havido outra possibilidade, tanto para Pompília quanto para Guido. Pensou no livre arbítrio e questionou-se, não pela primeira vez, o que era livre no arbítrio do homem.

Fosse como fosse que as coisas estivessem, Pompília não se adaptava. Conhecera, através do cónego Conti, frequentador assíduo da casa dos Franceschini, um amigo dele, o jovem cónego Giuseppe Caponsacchi. Era, dizia-se dele, um temerário. Sobre ele deitou os olhos Pompília, parece, a conselho do cónego Conti, que já a havia consolado nos seus tormentos mas que, sendo parente e amigo dos Franceschini, não tinha vontade de se comprometer em demasia. Caponsacchi era jovem, belo e galante. Com ele, Pompília preparou a fuga, com ele deixou a casa do marido e fugiu para Roma. Mas o que aconteceu verdadeiramente entre os dois?

Bottini bem conhecia a versão da defesa, daquele advogado Arcangeli que estava a procurar, por todos os modos, salvar Franceschini da morte: entre Pompília e Caponsacchi nascera um amor que abrira caminho à legítima vingança do marido traído. Comprovavam-no, além das próprias circunstâncias daquela fuga, algumas cartas encontradas no quarto da estalagem onde os dois foram detidos em fuga, em Castelnuovo, na via Flamínia. Eram cartas que trocaram em Arezzo, escritas em estilo literário e assinadas Mirtillo e Amarillide. E as cartas narravam efectivamente uma história de olhares, bilhetes, frases de amor. O cónego Conti aparece nestas cartas como um cúmplice, aquele que entrega os bilhetes, os livros, os poemas que os dois trocam entre si, em suma, faz de intermediário entre os dois enamorados.

Aquelas cartas não deixavam de intrigar Bottini, precisamente no momento em que fazia tudo por tudo para atenuar o seu valor, num subtil e sofisticado jogo de interpretações. Primeiro que tudo, procurara negar a sua autenticidade. Cartas deixadas na estalagem por outras pessoas que nada tinham a ver com aquele caso, afirmara, recuperando a versão dada por Caponsacchi ou, melhor ainda, construções falsas elaboradas de propósito para prejudicar os dois. Quanto a Pompília, a rapariga negava terminantemente não só ser a autora daquelas cartas como até negava saber ler e escrever. A célebre carta escrita ao cunhado, afirmava, fora por ela recalcada com a caneta sobre as letras escritas pelo marido com o lápis, «porque ela não sabia escrever» e o cunhado tinha prazer em receber cartas escritas por ela. Mas, depois, a versão dos advogados mudara: e mesmo que as cartas fossem autênticas?, afirmaram. Em todo o caso, não provavam o adultério. O que poderia ter feito a rapariga, que queria a todo o custo conseguir a ajuda do jovem cónego, se não solicitar-lhe amor, acenar-lhe com recompensas futuras, elogiá-lo para o impelir a dar aquele passo tão arriscado, tentar a fuga com a mulher de uma figura importante, capaz de o arruinar e de se vingar? Se são, como parece, autênticas, as cartas dão-nos portanto imagem do que deverá ter acontecido na casa de Arezzo. A princípio, conversas legítimas na casa do marido, onde Caponsacchi era recebido, depois, as primeiras suspeitas, a cumplicidade do cónego Conti e de uma criada, as

Um crime de honra

passagens do jovem nas vizinhanças da casa para trocar duas palavras com Pompília, quando o «ciumento» não estava em casa, o ciúme do marido que ameaça Pompília e Caponsacchi de morte, e por fim, através dos bilhetes, a preparação da fuga. Caponsacchi atarefara-se a procurar uma caleche, e explicara a Pompília como fazer para administrar um sonífero aos habitantes da casa, para ter o caminho livre para a fuga. O sonífero, o ópio, devia ser deitado no vinho, e Pompília devia estar atenta para não o beber. «E se por grande desgraça vos descobrirem, e vos ameaçarem de morte, abri a porta, porque ou morrerei convosco ou vos libertarei das mãos deles.» Mas não fora preciso chegar a tanto. Todos dormiam sob o efeito do ópio quando a rapariga, reunidas as suas roupas, as jóias e algum dinheiro, se juntara ao seu salvador.

Era o último domingo de Abril de 1698. A carruagem dirigira-se para Roma a alta velocidade. Era propriedade de um taberneiro de Arezzo, um tal Agostinho, e era conduzida pelo seu empregado, um certo Venarino. Ambos viriam depois a ser acusados de cumplicidade na fuga. Posteriormente – e quem sabe se não era para se libertarem da acusação de cumplicidade – o cocheiro testemunhou ter visto os dois a trocarem beijos ao longo do trajecto, um depoimento que o advogado Bottini se empenhara em desmontar sem grandes dificuldades. O que podia ver o cocheiro de uma carruagem lançada em grande velocidade? Talvez o encostar de duas cabeças, devido à estreiteza do habitáculo e aos solavancos? Se os dois tivessem querido realmente aproveitar a solidão para consumar o seu amor, preparava-se para escrever Bottini um pouco incerto, em vez de terem apanhado a estrada mais directa para Roma teriam feito um desvio para um lugar mais tranquilo onde ficarem escondidos, evitando também o risco de serem apanhados pelo marido.

A viagem fizera-se sem incidentes e sem paragens até Castelnuovo, na estrada da Flaminia, a cerca de metade do caminho entre Arezzo e Roma. Aqui, após dois dias de viagem – já era noite de terça-feira – os dois tiveram de mandar parar a carruagem para mudar os cavalos e para repousarem um pouco. A estadia na estalagem era crucial para o êxito do processo. Aqui, segundo a defesa do conde Franceschini, os dois amantes haviam passado a noite juntos na mesma cama, visto que o quarto tinha duas camas mas haviam mandado preparar apenas uma. Ao invés, a versão de Pompília, desmentida pelo próprio Caponsacchi, era a de que os dois haviam chegado à estalagem no fim da noite, e que Pompília se atirara vestida para cima da cama preparada para si, para descansar um pouco, enquanto Caponsacchi se sentara numa cadeira, andando numa roda-viva entre o quarto e o estábulo, para tratar de que os cavalos fossem mudados o mais rapidamente possível. E aqui, o conde Franceschini apanhara-os, irrompendo pelo quarto adentro e ameaçando-os de morte. Mas o conde estava só, e a própria Pompília enfrentara-o, ameaçadoramente, com a espada desembainhada. Parece que Guido naquele momento compreendera que não conseguiria, sozinho, levar a melhor sobre os dois. Desistindo da vingança, mandara então chamar os gendarmes.

O que acontecera na estalagem era verdadeiramente crucial para determinar o destino do conde Guido. E não só por causa daquele adultério que se presumia consumado no quarto da estalagem, mas também porque, ao chamar os gendarmes, o conde tinha, segundo a acusação, renunciado a fazer justiça pelas próprias mãos. Um marido encontra-se num quarto de hotel onde apanha a mulher com o seu suposto amante, mesmo em plena fuga a dois. Teria tido, segundo a lei, o pleno direito de fazer justiça, matando os dois amantes, mesmo se por acaso os dois fossem inocentes de adultério, uma vez que as circunstâncias eram tais a ponto de induzir no marido uma suspeita razoável. Mas se o próprio marido, face à ameaça de uma espada empunhada pela mulher, chamava os esbirros, então ele desistia de fazer justiça sozinho, e delegava na lei a curadoria da sua honra. Assim sendo, não teria podido matá-los, a menos que cometesse um autêntico assassínio. Demasiado fácil, disse para consigo Bottini, invocar o estado de inferioridade em que se terá encontrado, que o obrigara a adiar a vingança para uma circunstância mais propícia, como sustentava a defesa pela boca do advogado Arcangeli: «estava só e em desigualdade de forças». «Este Franceschini é mesmo um cobarde», pensou Bottini com alguma satisfação. Deixa-se intimidar por uma mulher e depois lamenta não ter podido agir sem perigo para a sua vida. O que queria – mandá-los assassinar pelos seus criados, sem nada arriscar? A imagem de Pompília com a espada desembainhada era na verdade uma imagem recorrente na sua mente, que lhe recordava um quadro que vira em Florença, e que lhe ficara gravado na memória, *Judite e Holofernes*, obra de uma mulher famosa, uma pintora já desaparecida, Artemísia Gentileschi. No quadro era Judite a degolar Holofernes e aqui, ao invés, era Judite a ser degolada por Holofernes. Procurou livrar-se da imagem e voltar a percorrer aquela história com a distância imposta pelo seu papel de delegado do Ministério Público.

E assim, Pompília e Caponsacchi foram presos e conduzidos a Roma. No interrogatório, os dois haviam negado qualquer relação amorosa. A versão do cónego era que teria querido livrar Pompília dos perigos de que era ameaçada em casa do marido, escoltando-a a casa do seu pai em Roma. A mesma versão era dada por Pompília: regressar a Roma para casa dos seus pais, era o que Pompília pedira em vão nas suas súplicas ao bispo e ao governador. Por seu lado, Guido denunciara Caponsacchi por ter levado Pompília a fugir e ter cometido adultério com ela. A sentença, pronunciada em Roma em Setembro, condenara Caponsacchi «*pro cognitione carnali dictae Pompíliae*» ao desterro em Civitavecchia durante três anos. Sobre Pompília, o tribunal não se manifestara.

Heréticos

Esta condenação representava também uma séria dificuldade para a defesa da inocência de Pompília que o advogado Bottini estava a empreender. Procurou desvalorizá-la. Três anos de segregação, escreveu: muito pouco para uma acusação assim tão grave. Se o adultério tivesse sido provado, a condenação teria sido muito mais pesada. Quanto a Pompília, foi enclausurada no mosteiro de Santa Croce alla Penitenza. Mas uma vez ali, descobrira que estava grávida, para grande embaraço das freiras. Então, com o consenso de todos, inclusive do cunhado Paolo, que tratava dos assuntos familiares, a rapariga fora mandada para casa dos pais, com a obrigação de aí viver em clausura sem sair. Aqui, a 18 de Dezembro, havia dado à luz um menino, baptizado com o nome de Gaetano e imediatamente entregue à ama.

De quem era esta criança?, perguntou-se Bottini. Durante três anos, o marido havia considerado Pompília responsável pela ausência de um filho, e agora, após a suposta relação com o jovem abade e a fuga, esta criança, de quem ninguém falava. Franceschini não o nomeava nos memoriais dos seus advogados, nem o pedira no período posterior à segregação de Pompília em família. O menino parecia inexistente, ninguém o levava em consideração, nem como prova da inocência de Pompília nem como prova, pelo contrário, da sua culpa. Falara-se muito pouco sobre isso e nem tão-pouco Pompília, ao encomendar a sua alma a Deus no leito da morte, se referira a este seu infeliz menino, privado dos pais assim que nasceu. E contudo estava vivo e recomendava-se, ninguém o dera como incógnito e portanto era o legítimo herdeiro dos condes Franceschini, tão preocupados com a falta de um herdeiro a ponto de infernizar a vida de Pompília durante os anos da sua estadia em Arezzo.

A história era realmente complicada, disse para consigo Bottini. Contudo, não queria deixar de exigir a máxima severidade em relação a Guido. Apesar das ambiguidades do caso,

Um crime de honra

parecia-lhe devê-lo à imagem de Pompília, a que vinha evocando, com a espada desembainhada.

E o desterro de Pompília em casa dos Comparini, não era também esse um facto bastante estranho? O irmão de Guido, o abade Paolo, dera o seu consentimento. Sim, discutira-se um pouco sobre quem devia tomar o encargo de prover o sustento de Pompília, pois tinha ficado acordado que tocaria aos Comparini: os mesmos que haviam movido um processo de impugnação da filiação da filha, que fazia dela filha ilegítima e sem quaisquer direitos. No entanto, Pompília continuava a viver com eles, ao que parece sem que demasiadas sombras conturbassem a relação com os seus pais adoptivos. Entretanto, ainda no Outono de 1697, Pompília fizera o pedido oficial de separação do marido Guido, pedindo a restituição do dote depositado. Na altura do homicídio, também este processo estava ainda pendente. Porém, ao mesmo tempo Guido denunciara Pompília por adultério ao tribunal de Florença. O tribunal toscano, que não tinha jurisdição sobre Caponsacchi, por ser membro do clero, condenara, em Dezembro de 1697, Pompília a prisão perpétua, mas era uma sentença com que ninguém parecia importar-se muito, uma vez que era claramente influenciada pela posição dos condes Franceschini e decretada por um tribunal «estrangeiro».

E assim, Pompília vivia relativamente tranquila em Roma, na casa que a vira crescer. Caponsacchi estava isolado em Civitavecchia, sem nunca mais ter tido oportunidade de ver Pompília. Guido estava em Arezzo, aparentemente fora de cena. Entretanto, o seu irmão Paolo deixara Roma, onde lhe parecia que todos gozavam com ele, por causa daquela mancha inulta que caíra sobre a honra familiar. A vida como secretário da Cúria pesava-lhe de mais, ou talvez todos os mexericos que se haviam dito sobre a sua família o tivessem tornado pouco estimado entre os seus antigos protectores.

Heréticos

Duas semanas depois do nascimento do menino, na noite de 2 de Janeiro de 1698, Guido Franceschini chegou a Roma com quatro camponeses, seus homens de confiança, robustos e bem armados. Bateram à porta fechada da via Paolina e para que lha abrissem usaram o nome de Caponsacchi, dizendo-se portadores de uma mensagem da sua parte. Abriram-lhes a porta, e os assassinos entraram em casa e mataram os dois velhos sem hesitar. Ferida pelas facadas, Pompília fingiu-se morta e foi levada para o hospital, onde veio a morrer quatro dias depois.

O assassínio de Violante e Pietro Comparini fora claramente premeditado. Para Franceschini, os dois sogros eram quase mais culpados do que a filha: haviam-lhe dado a mão de uma mulher em casamento que não era verdadeiramente filha deles, eram cúmplices da sua fuga e do seu adultério, tinham a porta aberta às mensagens do amante de Pompília. A sua honra exigia também a sua morte. Que Guido tivesse todas as razões para odiar os sogros e para tramar a sua morte, é o que admitem nos seus apontamentos os próprios advogados de defesa, alargando o conceito de crime de honra a ponto de nele incluírem o assassínio dos dois velhos. A obrigação de vingar a honra violada estendia-se aos irmãos da mulher e a toda a sua família. Naquelas circunstâncias, o apoio dado pelos Comparini a Pompília deve ter-se afigurado ao marido como uma autêntica cumplicidade, uma violação das normas da sociedade civil.

Mas o facto de Pompília ter sobrevivido, ainda que por pouco tempo, estava destinado a transformar um vulgar crime de honra num famoso processo. Com efeito, às portas da morte, Pompília continuou a afirmar que nunca fora infiel a Guido, que não era culpada de adultério algum. Era este o trunfo na manga de Bottini, o que lhe permitiria conseguir justiça. O comportamento de Pompília após a agressão fora exemplar. Pudica, avessa a deixar-se tratar pelos médicos, cheia de palavras de perdão para os seus assassinos, Pompília falara muito, mas afirmara sempre a sua inocência no adultério que lhe era imputado. Com a sua morte, confortada pelos sacramentos da Igreja, com a possibilidade de falar, de negar, de afirmar, Pompília tirava ao seu assassino a atenuante de crime de honra, apresentava-se como uma inocente, uma mártir da violência do conde Guido, uma violência a que procurara fugir em vão, ajoelhando-se aos pés do bispo e, mais tarde, a fuga vista por maldosos como uma fuga de amor. Tivera uma morte «de santa», dirão as testemunhas. Ela fizera um testemunho *in articulo mortis*, cheio de valor para o direito da época, embora os advogados da defesa tentassem desesperadamente invalidá-lo sustentando a tese, arrancada a ferros, de que Pompília tivesse mentido às portas da morte para se vingar dos seus assassinos ainda que o facto de mentir lhe custasse perder a alma. «Os tempos mudaram realmente e é necessário sermos hereges e molinistas», disse o advogado, «se ousarmos mesmo só imaginar que alguém pode mentir conscientemente às portas da morte, com a finalidade de prejudicar outra pessoa.»

E enquanto o papa insistia numa sentença exemplar, a cidade dividia-se no que respeitava à culpa do conde Guido e à pena que lhe estava reservada. E agora, Bottini estava a acrescentar as últimas palavras ao memorial que mandaria Guido e os seus cúmplices para a forca. Guido recorrera em vão a um suposto estado clerical, que o livrasse da jurisdição do *Fisco*. Eram os últimos actos do processo e o papa parecia decidido em ir até ao fim. Dizia-se que o assassínio dos dois velhos o tinha impressionado muito, levando-o a desejar a execução dos seus assassinos. Em vão, o próprio embaixador imperial tentara convencê-lo a salvar a vida do conde. Quanto a Bottini, apesar do seu papel e da sua vontade de negar aos assassinos qualquer atenuante, estava ainda mergulhado em dúvidas. Lera e relera todas as cartas, todos os depoimentos, esquadrinhara todas as palavras, olhara todas as frases nas entrelinhas para apreender as intenções, o não dito, sempre à procura da verdade. Mas a imagem de Pompília ainda era ambígua, fugidia. Ora rapariguinha caprichosa e mentirosa, ora vítima inocente, ora muito hábil nas mentiras, ora forte e decidida. Aquela espada empunhada na estalagem, e aquelas cartas escritas com experiente perícia, num estilo arcádico, fruto de sabe-se lá quantas leituras, de quanta familiaridade com livros e poemas. A Aminta, o Pastor Fido, e que mais? Se Pompília permanecia talvez um enigma, decerto não o era o seu assassino, um homem qualquer, suficientemente violento para afirmar o seu nível, vil o bastante para ter medo da mulher, seguro e arrogante apenas quando rodeado pelos seus sicários. O advogado sentia uma íntima satisfação só de pensar em vê-lo acabar no patíbulo. Era algo mais do que o desejo de levar a melhor sobre o seu ilustre colega de defesa. «Este caso envolveu-me demasiado», disse para si. Era preciso acabar com isso, pensar em outra coisa, apagar estes pensamentos insinuantes, as dúvidas. Apôs com firmeza a sua assinatura no fim do documento, aguardando que os tipógrafos da Câmara Apostólica o preparassem para a impressão e o pusessem a circular entre o público. Com um esforço, afastou aquele sentido de descontentamento que continuava a afligi-lo, e pousou a pena sobre a mesa.

A 18 de Fevereiro, o Tribunal do governador decretou a sentença de morte. Inocêncio XII confirmou a sentença, contra todos os pedidos de clemência. A 22 de Fevereiro de 1698 a sentença foi executada na piazza del Popolo, apinhada de gente. Primeiro enforcaram os quatro sicários. O conde Franceschini foi decapitado, em deferência à sua classe. Confessou-se e morreu com dignidade, reconciliado com a Igreja, convencido de não ser culpado de nenhum crime, mas de se ter comportado como exigiam as leis da honra. O carrasco mostrou a cabeça ao povo, repetindo várias vezes: «Eis a cabeça de Franceschini».

A 9 de Setembro do mesmo ano, uma sentença póstuma absolvia Pompília da acusação de adultério. O processo fora movido pelo herdeiro de Pompília, um tal Domenico Tighetti. Pompília, tendo sobrevivido aos seus pais, tornara-se a sua legítima herdeira. Mas o mosteiro das Convertite al Corso reclamava a herança, com base numa lei que estabelecia que parte dos bens das mulheres de vida desonesta fossem para o mosteiro. Do julgamento sobre a honra de Pompília dependia portanto a sorte da sua herança, a que naturalmente aspiravam também os Franceschini. O procurador da Caridade, Domenico Camparelo, que assistia Tighetti, baseava-se no facto de o adultério não ter sido provado mesmo depois da condenação do tribunal de Arezzo, e de Pompília ter negado a sua culpa *in articulo mortis*. Além disso, o advogado insistia muito no facto de a condenação à morte provar por si só a inocência de Pompília. Não se sabe nada de Caponsacchi, se esta sentença de absolvição lhe devolveu ou não a liberdade e qual foi depois a sua sorte. Assim desapareceu da história o pequeno Gaetano, talvez tenha morrido novo como tantas crianças naqueles tempos.

Nota bibliográfica

Ainda mais do que num livro de história, num livro como este, em que a história se mistura diversamente com a invenção, é necessário indicar com máximo rigor as fontes em que o autor se baseou e de que se apropriou, as «liberdades romanescas» que tomou nesta ou naquela parte, para que o leitor possa distinguir sem margem de erro o que pertence à história e o que pertence ao campo mais variado da ficção. Devo dizer, antes de mais, que todas as personagens destes contos são absolutamente verdadeiras e que todas elas são representadas, mesmo no momento em que lhes é dada a palavra através do discurso directo ou, mais frequentemente, através da ficção do «eu narrador» segundo critérios da mais rigorosa verosimilhança. Neste núcleo de «história» as incursões do imaginário são mínimas ou inexistentes. A bibliografia citada não quer ser em nenhum sentido exaustiva, mas apenas indicar as obras em que mais me baseei.

O primeiro conto, *O Nome de Jesus*, funda-se na conexão que na sua obra *Storia notturna. Una decifrazione del sabba* (Torino, Einaudi, 1989, pp. 277-280) Carlo Ginzburg postula entre a pregação contra as bruxas realizada em Roma por Bernardino de Siena em 1427 e os problemas por ele encontrados na difusão do culto do Santo Nome de Jesus. Sobre a interpretação deste culto numa perspectiva moderna, sou devedora do que escreve Lucetta Scaraffia em *La Santa degli impossibili. Vicende e significati dela devozione a Santa Rita* (Torino, Rosenberg & Sellier, 1990, p. 21). O encontro entre o frade agostiniano Andrea Biglia e o papa Martinho V, em Fevereiro de 1427 é imaginário, visto que na altura Biglia se encontrava em Bolonha, mas recupera, transpondo-as sob a forma de um discurso directo, as argumentações do memorial contra Bernardino de Siena enviado naquela ocasião a Martinho V por Andrea Biglia (B. de Gaiffer, *Le mémoire d'André Biglia sur la prédication de Saint Bernardin de Sienne*, em «Analecta Bollandiana», LIII, 1935, pp. 308-358). Sobre as violências suscitadas pela oposição agostiniana ao culto do nome de Jesus, veja-se o relatório de Andrea de Cascia a Martinho V (in A. Fabbi, *Storia e arte nel comune di Cascia*, Spoleto, s.n., 1975, pp. 325-328). Não possuímos os sermões romanos de Bernardino em São Pedro, mas temos o relato desses feito pelo próprio Bernardino (*Le prediche volgari*, organizado por P. Bargellini, Milano-Roma, s.n., 1936, pp. 784-785). Também é feita uma referência no *Diario della città di Roma* di S. Infessura (organizado por O. Tomassini, Roma, 1890, p. 25).

No segundo conto, *O Bispo e os Marranos*, baseei-me no meu artigo *Un vescovo marrano: il processo a Pedro de Aranda. Roma 1498* (in «Quaderni Storici», 99, 3, Dezembro de 1998, pp. 533-551), para o qual remeto. A reconstituição que aí fiz é fiel à documentação histórica, sem incursões no romanesco, excepto no artifício de ter dado voz directa ao protagonista, atribuindo--lhe aquelas emoções e convicções que os documentos não me permitiam estabelecer.

O episódio narrado na terceira história, *O Sacrifício do Touro*, é referido por F. Gregorovius na sua obra *Storia della città di Roma* (vol. IV, Torino, Sten, 1901, p. 634) e também encontramos uma referência em *Roma nel Cinquecento* de P. Pecchiai (p. 416). São duas as fontes em que nos podemos basear: os *Diarii* de Sanuto (Vol. XXXIII, col. 401 ss.) onde se descreve pormenorizadamente o feitiço, e uma carta de Girolamo Negri a Marcantonio Micheli (*Lettere di principi*, vol. I, Venezia, 1581, carta 15, Agosto 1522), na qual se descrevem as procissões reparadoras. Sobre a descoberta, em 1506, do famoso grupo marmóreo de Laocoonte, e sobre a fama no século XVI, veja-se o apêndice de S. Maffei a S. Settis, *Laocoonte. Fama e stile*, Roma, Donzelli, 1999.

A quarta história, *Quem Mandou os Demónios?*, recupera um episódio de possessão diabólica de que me ocupei num ensaio (*Il gioco del proselitismo: politica delle conversioni e controllo della violenza nella Roma del Cinquecento*, in *Ebrei e cristiani nell'Italia medievale e moderna: conversioni, scambi, contrasti*, Roma, Carucci, 1988, pp. 155-169), para o qual remeto. As fontes, ricas em pormenores sobre o episódio, não nos transmitiram o nome do exorcista beneditino francês. A personagem da «rapariga dos olhos cinzentos» é imaginária. Para o debate sobre a possessão, baseei-me ainda no que escreve D.P. Walker in *Possessione ed esorcismo. Francia e Inghilterra fra Cinque e Seicento* (Turim, Einaudi, 1894).

A quinta história, *O Menino Crucificado*, baseia-se também ela num episódio analisado no meu artigo acima citado, *Il gioco del proselitismo*, para o qual remeto novamente. Sobre Alessandro Farnese, utilizei em particular a entrada a ele dedicada por S. Andretta in *Dizionario Biografico degli Italiani* (vol. 45). O diálogo entre Alessandro Farnese e o zelador neófito é fruto de mera «liberdade poética», mas retoma as interpretações e as problemáticas presentes no meu livro *Ebrei in Europa dalla Peste Nera all'Emancipazione* (Roma-Bari, Laterza, 2001).

O quadro de Ticiano a que faço referência é o famosíssimo *Paulo III e os seus sobrinhos*, de 1546, conservado no Museu de Capodimonte em Nápoles.

Os dados documentais em que se baseia a sexta história, *A Ampola dos Espíritos*, são muito poucos. A notícia, relatada por L. Von Pastor (*Storia dei Papi*, p. 228), da detenção do capelão pontifício funda-se em alguns *Avvisi* de Roma de Junho-Julho em 1568. Sobre Pio V, utilizei as páginas dedicadas à sua figura por A. Prosperi no seu *Tribunali della coscienza. Inquisitori, confessori, missionari* (Turim, Einaudi, 1996, pp. 146 ss.), além da biografia escrita por S. Feci para a *Enciclopedia dei Papi* (III, pp. 160-80) e a biografia de N. Lemaitre (*Saint Pie V*, Paris, Fayard, 1994). O encontro entre Pio V e Francisco Peña é completamente imaginário. O papel de relevo assumido pelo canonista espanhol na Cúria remonta ao pontificado de Gregório XIII e não ao de Pio V. A sua própria estadia romana não parece datar antes de 1577. Todavia, o facto de em 1568 lhe ter sido atribuído, na Cúria, o cargo de referendário *utriusque signaturae* (admitindo que não se trate de um caso de homonímia) coloca este seu encontro com Pio V entre os eventos plausíveis. Sobre a figura de Francisco Peña, usei em particular A. Borromeo, *A proposito del Directorium Inquisitorum di Nicolás Eymerich e delle sue edizioni cinquecentesche* (in «Critica storica», XX, 1983, 4, pp. 499--547). Para a interpretação da relação entre os judeus e a magia, veja-se o meu artigo *The Witch and the Jew: Two Alikes That Were Not the Same* (in *From Witness to Witchcraft. Jews and Judaism in Medieval Christian Thought*, organizado por J. Cohen, Wiesbaden, Harossowitz Verlag, 1996, pp. 361-374).

A sétima história, *Em Viagem para o Suplício*, baseia-se num episódio descrito por L. Amabile, *Il Santo Officio della*

Nota bibliográfica

Inquisizione in Napoli (Città di Castello, 1982, vol. I, pp. 306 ss.). O *Avviso* de Roma que noticia o suplício foi publicado por A. Bertolotti (*Martiri del libero pensiero e vittime della Santa Inquisizione nei secoli XVI, XVII e XVIII,* Roma, 1891, p. 62). A Companhia de San Giovanni Decollato dá-nos o nome das mulheres e os seus testamentos (publicados em D. Orano, *Liberi pensatori bruciati in Roma dal XVI al XVIII secolo,* Roma, 1904, pp. 40-43. Das fontes não sabemos mais nada. Atribuí às várias personagens emoções, pensamentos, formas de crenças documentadas em muitos outros casos análogos, no intento de também fazer emergir a extrema variedade do fenómeno «marrano», do criptojudaísmo mais exacerbado à mais firme aceitação do catolicismo.

Para a oitava história, *Solilóquio*, remeto para a obra de Friedrich Spee von Langendorf, *Cautio Criminalis*, e para a edição italiana por mim organizada (Roma, Salerno, 1986). Todos os dados são rigorosamente históricos, excepto o episódio do parecer pedido a Albizzi e a um jesuíta romano anónimo, este último uma personagem inventada mas representativa das tendências mais favoráveis a Galileu no seio da Companhia de Jesus. Ao formular a hipótese de uma conexão entre a posição dos jesuítas sobre as teses científicas de Galileu e a da perseguição das bruxas inspirei-me também no que escreve P. Redondi sobre o ambiente cultural jesuíta no seu livro *Galileo eretico* (Torino, Einaudi, 1983).

A nona história, *Outono*, é uma elaboração livre sobre um dado historicamente comprovado, a longa convivência de Cristina da Suécia com o médico e alquimista Francesco Giuseppe Borri. Na vasta bibliografia sobre a rainha Cristina, remeto para o meu artigo *La regina Cristina* (in *Le donne ai tempi del giubileo*, organizado por A. Groppi e L. Scaraffia, Roma,

Heréticos

Skira, 2000, pp. 121-134; para K. E. Borresen, *La religion de Christine de Suède* (in *Cristina di Svezia/e* Roma, organizado por B. Magnusson, Stoccolma, 1999, pp. 9-20) e para a autobiografia da própria Cristina (Cristina da Suécia, *La vita scritta da lei stessa*, Napoli, Cronopio, 1998). Sobre Borri, fui buscar informações e inspiração no livro de G. Cosmacini, *Il medico ciarlatano. Vita inimitabile di un europeo del Seicento* (Bari-Roma, Laterza, 1998).

As duas últimas histórias, cuja primeira, *Os Antecedentes*, é apenas uma espécie de prelúdio à segunda, *Um Crime de Honra*, nascem de uma entrada, precisamente dedicada a Pompília Comparini, escrita por mim para o *Dizionario Biografico degli Italiani*. Mais recentemente, analisei o caso num ensaio, *Il caso di Pompília Comparini* (in «Dimensioni e problemi della ricerca storica», 2, 2002, pp. 75 ss.), para o qual remete. A narração adere bastante facilmente às fontes disponíveis, que são inúmeras, e não se permite outra liberdade poética senão a adopção do ponto de vista de um narrador interno à história. Trata-se do advogado Giovan Battista Bottini, delegado do Ministério Público do assassino de Pompília, o conde Franceschini. A ele, de cuja personalidade, idade, hábitos, emoções nada sei, pus-lhe livremente na boca todas as dúvidas que não conseguira resolver, através dos meus estudos anteriores, sobre este caso e sobre a personalidade da sua protagonista. Neste sentido, esta história, apesar de ser uma das mais bens documentadas, é uma das histórias onde o espaço de invenção é maior.

Índice

Introdução 9
    I. O nome de Jesus 15
   II. O bispo e os marranos 25
  III. O sacrifício do touro 41
  IV. Quem mandou os demónios? 51
   V. O menino crucificado 63
  VI. A ampola dos espíritos 75
 VII. Em viagem para o suplício 87
VIII. Solilóquio 99
  IX. Outono 113
   X. Os antecedentes 121
  XI. Um delito de honra 129
Nota bibliográfica 151